K.G. りぶれっと No. 34

総合政策学部フィールドワーク活性化に向けて
久野ゼミ実習の軌跡

関西学院大学総合政策学部［編］

関西学院大学出版会

はじめに　――フィールドワークをインターンシップとして意義づける

久野ゼミは二〇一三年三月、私の退職とともに一五年の歴史を終えた。このゼミの特色として第一に挙げられるのは、現地でのフィールドワークであった。そこで、この機会に、関西学院大学総合政策学部における久野ゼミの「売り」だったフィールドワークについて総括しておくことを思い立った。

総合政策学部では現実に生起する諸問題の解決のため、多面的なアプローチを目指すとしている。その場合、現実に生起している諸問題そのものを内在的に理解しておくことが必要であろう。本学部には多様な学問的バックグラウンドをもつ教員が所属しているほか、私のような実務家教員が他学部より多いのも、そのための学際的な「対話」を目指してのことであろう。ただ、それだけでなく自然環境分野(他の分野でも多分にそうであろうと想像するが)の諸問題については、「百聞は一見にしかず」と言うように、まずはフィールドに出て自分で体感すること、そしてその問題に関連するさまざまなステークホルダーとの対話が必須ではないかと思われる。

私のゼミ実習はそんな理屈よりもっと素朴な直感から始めたものだが、その軌跡を追うことで、フィールドワークをインターンシップとして意義づけられるのではないか。その点を検証するのが、第一の執筆動機であった。

総合政策学部では、さまざまな組織出身の実務家教員が教えている。私の場合は環境庁（現・環境省）から着任した。私が採用された意味の一つは、私が人脈をもつ環境関連の学外の諸組織と学生との橋渡しをすることであろう。実習では、そうした組織の現場職員と労苦をともにすることで、内在的な理解を深めることを目的とした。その目的が達成できたかどうかを振り返りたい。

また、後期になると、実習指導者の指示に従うような受動的な実習（＝インターンシップ）から、NPOを立ち上げるなど能動的な自主実習に発展したり、地元自治体との全面協力により継続的なプロジェクトを立ち上げるケースがでてきた。今なお発展途上にあるが、現場での実践によるノウハウを継承するとともに、今後の可能性を展望したい。そのため、本書は一ゼミでの活動の軌跡をたどりながら、最終的には政策系学部におけるフィールドワークをカリキュラム上に位置づけることで、活性化を図ることを目的としている。

なお、第六章の白山麓実習に関しては、プロジェクトを立ち上げ、領導してきた野畠章吾氏（関西学院大学総合政策研究科リサーチ・コンソーシアム会員）に執筆をお願いした。

久野　武（関西学院大学総合政策学部名誉教授）

目次

第1章

実習事始め

政策系学部でのフィールドワーク立ち上げ

ゼミ実習のきっかけ　文系学部でフィールドワークを試みる

私は一九九六年に環境庁（現環境省）から関西学院大学総合政策学部に着任した、いわゆる実務家教員である。大学で何をするのか、何ができるのか、暗中模索のまま着任したが、研究演習ではゼミ生をフィールドに出して実習、合宿することだけは決めていた。

その理由の一つは、当時からあった役人・行政批判（あるいはごくまれだが、激励）が、私の環境行政での経験からすると、どうにも隔靴掻痒の感がすることだった。批判は良いが、きちんと実態を知ったうえでの批判であってほしいという思いを拭えなかった。それはマスメディアの報道だけでなく、政策研究とされるものに関しても、環境政策については同様の感を持っていた。

もちろん、授業で、私の経験を話すことにより、そうした偏った見方をなんとか正したいという思いはあった。しかし、それだけでは無理だろうとも思っていた。やはり環境政策の形成や執行がどのように実施されているのか、フィールドワークにおいて肌で感じること、そしてそうした現場で取り組む人たちの労苦の一端でも共にすることが必要だと思ったのである。

それに「総合政策」なるものが、どんなものかよくわからないけれど、既存の学問の単なる延長ではないこと、そしてフィールドワークが必須のものに違いないと思っていた。もちろん大学には、似たようなものにインターンシップなどがあり、それを経験することが推奨されている。しかし、こと環境政策に関しては、私の人脈を使って独自のことができるのではないかと考えていた。

それだけではない。それ以上に私のレンジャー体験が影響していたと言えるだろう。私は一九六七年に厚生省に入省し（一九七一年の環境庁設立とともに、私の所属していた組織ごと環境庁に移籍した）、国立公園管理員（現・自然保護官、いわゆるレンジャー）として国立公園管理の現場に三カ所、約一〇年を過ごした。

実は、私はもともとレンジャーになるために厚生省（当時、その後、環境庁、現在は環境省）に入ったのである。そして、山岳公園である中部山岳国立公園平湯温泉と霧島屋久国立公園（現・霧島錦江湾国立公園）えびの高原に駐在している時に、繁忙期に大学生のアルバイトやボランティアに働いてもらった経験がある。その際、学生たちはその経験に深く学んだに違いないという直感的判断があった。そして「ぼくも学生のうちに、こういう経験をしてみたかった！」と感じた。そこで、この実習では、現代の学生にもそんな体験を味わわせてやりたいと思ったのだ。ところで、レンジャーは広義には厚生省〜環

国立公園

国立公園は当初厚生省（入省当時は国立公園局、翌年国立公園部）の所管であった。一九七一年、環境庁の設立時に、組織ごと移籍し、環境庁自然保護局となった。二〇〇一年中央省庁再編で環境省に昇格。自然保護局は自然環境局になり、今日に至っている。

レンジャーについて①

狭義には国立公園等の現地管理を担当する技術系職員をいう。正式名称は国立公園管理員→国立公園管理官→自然保護官と変わってきた。

境省に国立公園・自然保護を専門職種として採用された技術系職員全体を指すこともある。私が狭義のレンジャーであった期間は一〇年弱だが、そういう意味では、役所在籍の二九年間は広義のレンジャーであった、というか、レンジャー村の住民として役人生活をまっとうしたと言うべきだろう。

もう一つ挙げれば、環境研修センター所長としての体験である。このセンターでは大気、水質、自然保護など三〇近いコースを設け、自治体や国の出先機関の担当者を対象とした研修を行っている。二週間から二カ月程度までと期間はさまざまだが、いずれのセンターも宿泊施設を併設しており、そこで寝泊まりする。つまり合宿生活が最大の特徴なのだ。所長として研修生と話すうちに、研修で得た知識や技術もさることながら、研修後も「同じ釜の飯」を食った仲間として、全国にネットワークができる「絆効果」が大きいことを思い知らされた。ゼミにおいても、フィールドワークを通して実習生同士や受け入れ先との「絆効果」を期待したのである。

合宿の実施とフィールドワークの立ち上げ

ゼミ生の一学年の定員は、編入生を含めておおむね一三〜一五名である。

一九九七年に学部で初めての三回生が誕生し、一四名が私のゼミに入った。一期生の誕生である。その年の九月に大山隠岐国立公園で合宿した。翌九八年には二期生も入ってきて、やはり九月に二学年合同で中部山岳国立公園上高地で合宿した。以後は大山、上高地と毎年交互に合宿、二学年で二カ所参加できるようにした。

大山は裏大山の鏡ケ成休暇村、上高地は自然公園財団上高地活動ステーションで宿泊、いずれも二泊三日だった。初日は自然保護事務所からのレクチャー（座学と周辺の施設等見学）後、レンジャーたちとの懇親・交流。二日目はレンジャーの指導下で上高地周辺や大山でさまざまなボランティア活動を行うのが恒例になった。

合宿は最終年度に至るまで一度も途切れることはなかった。当初の目的であった自然公園やレンジャーが直面している課題の理解について一定の効果はあったと推察されるが、それ以上にゼミ内の一体感を醸成する効果が大きかった。

このように合宿は当初から順調な滑り出しだったが、実習でのフィールドワークの受け入れ先探しに苦労した。

当初のコンセプトは以下のようなものである。

休暇村
休暇村協会が運営する宿泊施設。年金還元融資で整備され、周辺園地等は環境省が整備するものである。休暇村協会は環境省認可の財団法人である。後述するが実習でも食事や入浴など、各地の休暇村で便宜を図ってもらえた。

① ボランティアとしてさまざまな管理サイドに立った業務の経験ができること（したがって当初は「ボランティア実習」と称した）。
② 人数は受け入れ先の意向による。
③ 期間は夏休み期間中の一、二週間程度、受け入れ先の都合次第で延長は可。
④ 無料、または廉価な宿泊施設があること。
⑤ 関西を中心にした地域。
⑥ 旅費補助として参加者にはゼミ費より一万円、近傍地は五千円を支給。
⑦ 希望者多数の場合は自主的に調整する。調整が難しい場合は抽選で決定。

一方で、当初から、環境庁本庁や県庁環境部局は実習先候補から除外することにした。これらは、まさに大学でふつうに行われるインターンシップなどで課せられるオフィスでの仕事であろう。それよりもむしろ地方の出先機関をターゲットに考えた。たとえば、各地のレンジャーや、私が関西学院大学に来る直前にいたつくばの国立環境研究所である。しかし、これから説明していくように、前者は相当の苦戦を強いられることになった。

フィールドワーク実施において重要なこと（1）　宿泊と食事場所の確保

文系学部は基本的に研究・教育施設を持たない。そのような状況で、学外においてフィールドワークを実施する場合、もっとも重要なことの一つは、前節で紹介したコンセプトの③にあるように、宿泊と食事場所の確保である。もちろん、もっとも都合が良いのは受け入れ施設が宿泊設備を整えていることである。

たとえば、最初の受け入れ先であった国立環境研究所では、研究所内に休憩施設という名の宿泊施設があり、シーツ代だけで宿泊可能だった（残念ながら、その後、宿泊ができなくなってしまった）。第二章で触れる竹野スノーケルセンターでは、ボランティアやアルバイトの無料宿泊施設を併設していた。ここでは食事は近接する休暇村の従業員食堂でとることができた。同じく第二章で紹介する環境省生物多様性センターでも、二階に広いスペースがあり、シーツ代だけで宿泊可能だ。一〇人やそこらは宿泊可能で、炊事施設もついていた。

一方、国立公園等の実習では、第三章でも触れるが、宿泊施設がないことがネックになることが多かった。ビジターセンターなどへの宿泊も事前の調整が

国立環境研究所
17頁コラム1、第2章21頁の頭注を参照。

必要であった。支笏洞爺国立公園では、職員住宅がたまたま空家だったので、そこで宿泊、食事は休暇村の従業員食堂で引き受けてもらった。また、阿寒国立公園の川湯では、阿寒湖畔のキャンプ場の管理小屋が空き家状態だったので、そこに自炊で寝泊まりし、川湯まで自動車で通勤するのが基本スタイルだった。

大洗港にも爪痕はありました。建物の２階あたりまで波が来たそうです。

１階の部分は市場があったそうですが、すべて流されてしまったようです。私が行った時はまったく何もない状態でした。地面もガタガタで、港に遺体が流れ着くことも何度もあったそうです。

さて、採水調査です。
要領は神戸湾採水調査の時と同じでした。SH に教えながらいざ採水。大洗港では小さなクラゲが大量発生していました。
次に向かったのは大津港。ここには釣り人がたくさん。現地の方の喋り方がすっごくなまってて、もう何を言ってるのかさっぱりだったんですが、とても気さくで面白い方ばかりでした。ここにも地震の爪痕は残っていました。

その日のうちに採水したものを機械にかけ、採水調査の結果は最後の日に M さんから報告していただきました。
いかに神戸の海が汚いかがわかりました……。
今回調査した大洗港や大津港と比べると、なんだか恥ずかしかったです……。

それから施設見学ツアーにも参加しました。神戸大学の方も来ていて、環境ホルモンに関する研究をしている施設を見て回りました。学会って、やっぱりいろいろな意味ですごいんだなって思いました。研究室にも案内していただきました。水槽がたくさん並べてあり、細かく種類などで分けられていました。

＊本書のコラムは、総合政策学部公式サイト（http://kg-sps.jp/blogs/）の久野研究室ブログへの学生の投稿から抜粋したものです。

column 1　2011 年度国立環境研究所実習

4 回生の FU です。国立環境研究所実習の報告をしにきました。

国立環境研究所は茨城県つくば市にあるんですが、周辺は研究機関がたくさんあるところで、異様にインド料理店が多いところでもあります。

今回の実習は、
・神戸湾採水調査の結果
・研究所の施設見学
・研究課題についての調査
という、他の国立公園での取り組みとはかなり違うものになっています。

毎日指定された会議室や図書館で自分の研究課題に取り組んだり、研究員の方にお話をうかがったりと、「自然に触れ合う！」というよりは「研究！」という感じでした。

国環研では M さんが私たちのお世話をしてくださり、研究員の方や現地の NPO 団体の方をご紹介いただき、自分の研究課題に関する知識を深めることができました。

私は、竹林に関することを調べていたのですが、M さんが現地の NPO 団体で里山保全を行っている T さんを紹介してくださり、日本の里山が抱える問題に実際に取り組んでいる方からお話を聞くことができました。

SH は国環研の研究員の方（T さん、K さん）にお話をうかがいました。私は隣で話を聞いていたのですが、何が何やらチンプンカンプンでした……。

去年の報告では、「施設内で研究員の方のお話を聞く、または自分の課題に取り組む」と書かれていたため、今年もそんな感じなのかなと思っていたら、M さんと国環研 2 日目に大洗港と大津港で採水調査を行うことになりました。なんでもその日は国環研の防災訓練があるとのことで、M さんは「参加したくないから～」と採水調査に向かうことに。

高速道路を走って約 1 時間でまず大洗港に到着。高速道路の路面が地震のせいで盛りあがっていたり、ヒビが入っていたりで地震の爪痕が残っていました。高速道路を下りてだんだん港に近づくにつれて、屋根が崩れてしまっている所や取り壊されている家もあり、改めて東日本大震災の大きさを実感しました。

第2章

初期のフィールドワーク受け入れ先

本章では、実習受け入れ先と経緯を実習開始から順を追って紹介しよう。今後、フィールドワーク実習に取り組まれる場合、参考になるかもしれない。

国立環境研究所

国立環境研究所はもともと環境庁の研究所で、私も所属していたことがある。現在は独立行政法人になっている。かつての同僚でその後、研究所内の地球環境研究センター（CGER）の主任研究員となったF博士が引き受けを快諾してくれた。

ここは、環境研究のメッカであり、施設見学だけでも一見の価値がある。実習初日は、企画官たちがオリエンテーションとして研究所の案内を引き受けてくれた。二日目からF博士の指導下で各種業務に従事した。F博士は毎年実習カリキュラムとして、学生にとっても勉強になる業務を組み立ててくれた（参加した学生からの報告はコラム1を参照）。土日が休日のため、実習期間は五日間だった（他の実習も五日間が多い）。

一方で、こうした受け入れでもっとも問題となる点は、受け入れ担当者の異動や退職で、受け入れを中止せざるを得ない事態が生じることだ。F博士は

国立環境研究所（NIES）
茨城県つくば市にある、二百名を超す専任研究者を擁する日本最大の環境研究所。私はかつて主任研究企画官として、組織運営、予算のとりまとめや環境庁本庁とのパイプ役をしていた。

国立環境研究所

二〇〇七年に退職されたが、幸いM博士（海洋環境専攻）が引き継いで、実習が途絶えることはなかった。M博士は八月に大阪湾での採水調査を学生に実地指導されてから、つくばの研究所で採水結果などについて軽作業の手伝いを指導し、結果をレクチャーしてくれた。

M博士はさらに、実習に訪れる学生たちがもっとも興味を持つ環境問題をあらかじめ聴取し、それに詳しい研究所の研究者にインタビューできるよう便宜を図ってくれた。

難航した国立公園管理実習立ち上げ　管理機関の現状について

国立公園管理実習、すなわちレンジャーのもとでのフィールドワーク実習の立ち上げは難しかった。旧知の地方環境事務所などの所長を通して、管内のレンジャーに照会してくれたが、なかなか受け入れ先はあらわれない。

この理由は、国立公園を取り巻く環境や機関自体の変化があった。私がレンジャーをしていた頃は、単独駐在のレンジャーはおよそ非組織的な勤務形態で、現在では到底考えられないものだった。職住一体、まったくの一人。上部組織は一気に本省に飛ぶ。つまり本省のヒラの課員が一人地方に机を置き、各種許認可指導や所管地管理等の公園管理を行うのである。メールも携帯電話もなく、遠距離電話もろくにできなかった時代の話だ。年中無休で多忙といえば多忙だが、さぼろうと思えば限りなくさぼれる、役人としては考えられないような勤務形態だった。当時は職住一体だったから、山岳清掃などのアルバイトないしはボランティアは事務所兼住宅内の一室に雑魚寝の状態だった。だが、私がレンジャーをしていた時から、すでに二五年。当時と状況は一変していたのである。その間の変化は次の通りである。

① 現在ではレンジャーも自然保護官事務所に通勤する身である。単独駐在でも、自然保護官補佐（AR：アクティブレンジャー）も、事務のアルバイト女性もいる。業務は常時地方環境事務所の指揮下で、多忙な状態にある。

② 宿泊施設がない。ビジターセンターなどの和室もレンジャーの一存で使うのは容易でなく、関係者との調整が必要になる。

③ 清掃やパトロールも別組織が立ち上がっていて、レンジャーの直接指揮下にないのが通例である。

④ 自然保護に関する技術的なスキルのない実習生の受け入れそのものが、レンジャーの業務として評価されるような仕組みになっていない。

レンジャーについて②

レンジャーはかつて単独駐在として本省から現地に直接派遣されていたが、のちに全国に九カ所ある国立公園管理事務所のいずれかに所属するようになった（このいわゆる「ブロック＝専決制」の導入には私自身が深くかかわっている）。

国立公園管理事務所の名称それ自体もいろいろな変遷を経て、現在では地方環境事務所になり、単独駐在のレンジャーは、地方環境事務所、またはそのもとにある自然環境事務所や自然保護事務所に所属する。

こうして初年の実習は国立環境研究所を中心とした数カ所にとどまった。ただ翌年からも試行錯誤しながら、フィールドワーク先の開拓が徐々に進んできた。順に紹介しよう。

竹野スノーケルセンター

兵庫県竹野町（現・豊岡市）の山陰海岸国立公園にある環境省直轄施設で、スノーケリングに特化したビジターセンターである。ふだんは、自治体等で構成しているビジターセンター運営協議会が管理し、協議会の専任職員もいる。

ここでは夏季にスノーケル教室を運営するかたわら、教育委員会の委託で子どもキャンプなどの指導を行っている。パークボランティアも活動しており、水産大学からのアルバイトも受け入れているので、ボランティアやアルバイトの無料宿泊施設を併設していた。

米子自然保護事務所長からの紹介で、竹野駐在レンジャーを窓口に実習生を送ることにした。一回に四人程度で、夏季に二回程度受け入れてもらった。業務は子どもキャンプの世話のほか、スノーケル教室の運営補助、海岸清掃などである。レンジャーの異動が夏にあった二〇〇五年以外は、毎年実習生を送り

ビジターセンター（Visitor Center VC）
自然公園の利用拠点として整備された博物展示施設。しばしば公園管理の拠点ともなる。多くの場合環境省が整備するが、管理は地元自治体や休暇村等で組織するビジターセンター運営協議会が行い、運営協議会が雇用する専任職員を置いていることが多い。

パークボランティア
国立公園の地域ごとに地方環境事務所に登録された公定のボランティア。日本では約一六〇〇人が登録されている。

竹野スノーケルセンター

込んでいる。レンジャーが変わっても、運営協議会の常勤職員であるセンター長は変わらず、安心して送り出せる（コラム2を参照）。

私も実習期間中に一度は慰問に足を運ぶようにした。実習経験者は卒業後も、遊びに行くこともあるようだ。

環境省生物多様性センター

私のレンジャーの後輩が、一九九八年に環境庁自然保護局の機関として発足したこのセンターのセンター長になり、声をかけてくれた。あまり国民になじみがないが、夏には「生物多様性祭」という催しを開き、一般にも開放している。

実習では、生物多様性祭の準備を手伝い、ポスターなども作成する、また一日は富士山五合目まで行き、利用者アンケートをとることが恒例行事になった。しかし、その後、センター側の事情により二〇〇八年限りで受け入れは終了してしまい、残念な結果となった。

地球環境センター（GEC）

私がGECの途上国研修の運営委員を務めた関係で、実習を受け入れてもらうことにした。途上国研修の期間中、研修資料の整理や英訳など、さらに研修生と一緒に受講できる形で、一～三名が日勤表を作って、毎日誰か一人が出勤するという形式であった。自宅から通勤するなど、他の実習先とは異なり、むしろインターンシップというべき形態であった。途上国の環境問題に興味があり、英語が得意なゼミ生にとってはうってつけだったといえるだろう。

フィールドワークで重要なこと（2） 旅費の問題

実習で避けて通れない問題がいくつかある。現地への旅費（交通費ならびに滞在費）もその一つである。総合政策学部の実験実習費には、こうした費用は特に用意されていなかった。

そのため、実習参加者にはゼミ費から旅費の一部を助成することにした。実習後、受け入れ先が記入した実習参加証明書と引き換えに、久野がゼミ費からの旅費助成の立替えを行った。ちなみに例年、旅費補助でゼミ費の三分の二を支出し、残額は合宿経費の一部に投入していた。もっとも、実際にかかる経費からすると、補助はスズメの涙といっても過言ではない。

さらにゼミ実習を教員の立場から視察しておくことも、絶対に必要である。

地球環境センター（GEC） 大阪市鶴見緑地公園にある国連環境計画（UNEP）の支援法人。国際協力機構（JICA）の委託で途上国からの研修生を受け入れている。環境省からの出向職員も勤務している。

その場合、理屈のうえでは、ゼミ費から私の旅費を支出することは可能である。しかし、ゼミ費は実習参加ゼミ生の負担軽減に充当すべきだという観点から、それは避けた。教員には研究費や学会旅費があるので、研究の一部として研究費から支出できたケースもなかったわけではない。しかし、多くの場合自腹となった。

ところで、大学教員の責務は研究と教育であるとよく言われる。しかし、こういう予算の配分では明らかに研究偏重と言わざるを得ない。増額しなくてもいいから、研究費や学会旅費を研究教育費や研究教育旅費と名称を改め、教育面でも執行できるようにすることを望みたい。

また、後に述べる阿蘇（第五章）や白山麓（第六章）のような能動型実習の場合には、自己負担がきわめて大きくなる。そのため、ゼミ費だけでなく、外部資金を確保することが望ましい。阿蘇では一本の木財団や、関西学院大学（学長枠公募）、そして現在は草原再生基金から助成を得ている。白山麓については、二〇一二年度は総合政策学部研究会から助成を受けている。

しかし、さらに重要なことは、そうした助成を受けなくても、学生が集まるということかもしれない。白山麓にしても当初二年間はゼミ費以外の助成はなかったが、学生の満足度はきわめて高かった。私のゼミ実習には他のゼミから参加している学生が毎年数名いる。当然のことだが、かれらには助成していない。しかし、毎年口伝てに参加したいという申し出があった。

column 2　2011 年度竹野 B 報告

私たち、Fu、Ta、Wa、Ko は 8 月 22 日〜 29 日まで竹野スノーケルセンター・ビジターセンターでボランティアとして実習をさせていただきました。三田から竹野までは約 3 時間。車窓から見える景色はほぼ緑色でした。視力 0.12 の Ko にとってはとっても目によかったです〜！

始めの 3 日間は 25 日・26 日に行われる豊岡市主催のイベント「キッズ・ワイルド」の準備でした。子どもたちが使う道具を準備したり、キャンプ現場の下見をしたり、キャンプのために費やす仕事がほとんどでした。その中でも印象的だったのが、竹を切る作業です。子どもたちが使うため、10 本以上の竹を切りました。竹はとても重く、切るのにもコツがいったので、その時ばかりは、Ta さんや私もかなり男らしく、たくましかったです。竹を切る作業には意味があって、切ることで竹林が拡がることを防ぐことができるそうです。森を守り、また、子どもたちにも自然に触れてもらえるので、これは一石二鳥ってやつですね！

実習 4 日目は待ちに待った「キッズ・ワイルド」です。私たち 4 人は先輩キャンプリーダーさんとペアを組み、一つの班を任されることになりました。

1 日目のメインイベントは川遊びで、捕まえた魚はその日の晩ごはんになります。魚を目で追うのがやっとなのに対し、子どもたちは、ばんばんゲットします〜。年の差？　いや、都市の差？　とにかく、大自然の中の子どもたちはとってもたくましいんです。

ロッジに帰ると、今度は竹で食器づくりです。晩ごはんはこれを使って食べます。

私が受け持つ 7 班はみんながバラバラで、まとめるのに必死。小学校の先生もこんなに苦労してたのかな？　子どもたちを見てると、子どもの時の記憶が甦ります。

些細なことにこだわるくせに、飽きっぽくて、適当で。懐かしいと感じるたび、自身が大人に近づいてると感じてしまいました。

何とかしてみんなの食器ができあがり、無事にカレーが食べられました !!　一時は本気でごはんにありつけないのかと思いました。みんなよく頑張りました !!

その後は子どもたちみんなで映画を見て、やっと就寝。1 日がこんなに長く感じられるとは…。みんなの顔が 5 歳程老けた気がしたのは私だけ？

ラジオ体操から始まったキャンプ２日目。

キャンプ場である、たけのこ村の近くには限界集落があり、そこの田んぼを利用して、子どもたちと泥遊びです。限界集落にはたった６家族しか住んでいないそうです。初めて訪れましたが、懐かしく、趣ある日本家屋は独特の雰囲気を放っていました。泥んこサッカーや泥んこドッヂボールのおかげで、みんなは真っ黒!! 近くの滝で洗い流した後はたけのこ村に帰りました。昼食は流しそうめんとBBQ～!!　とっても豪華ですね。


２日間子どもたちと過ごして、私は幼い頃の記憶を思い出しました。今では考えられない子どもの時の悩みや楽しかった思い出、熱中していた趣味など。それから何を得たのかはわかりません。思い出しただけで何の意味も持たないかもしれない。ただ、大切にしようと思ったのです。子どもたちを見ていると、こんな時が自分にもあったのか、忘れちゃいけない、そう思いました。７班のみんな、本当に楽しい時間をありがとう。


キャンプも終わり、実習の６日目からは平常業務に戻ります。スノーケルにカヌー、６日目にして初めての体験です。残念ながら波が高くて、波酔い～。

しかし、竹野の海は本当に綺麗です。ゴミが少ないため、魚も多いそうです。そして、実習最終日は朝から部屋の掃除をして帰宅しました。


今回の実習は決して楽なものではありませんでした。しかし、気づいたことがあります。

Ta さんとお話ししたのですが、私は今回の実習で自分の知らない新しい「環境」との接し方を発見できました。センターの人々のように、自然に入り、自然と共生をするということは、かなりの体力を要します。

現場の作業は力仕事ばかり。さらに、外に出るだけで、日差しに体力は奪われます。

ですが、そこでは国立公園の役目が明確に果たされていました。自然を保護したり、人々に自然の重要性を伝えたりするということはどれだけ大変なことか…。単に「自然が好き」では勤まらない仕事です。


本当に有意義な時を過ごさせていただき、ありがとうございました。

なんか、かしこまった文になってしまいました…。

最後に竹野Ｂ組が仲良しになれて嬉しかったです！

みなさん、ありがとう！

第3章

中期　実習先の拡充

コースの増加とレンジャー主導型のフィールドワーク

フィールドワークのコースが増え始めると、学生も複数コースの参加を希望したり、三回生に限っていた実習に四回生が参加を希望するようになった。そこで、旅費の負担が大きいことから、それまで避けていた北海道や九州、沖縄などの遠隔地からも実習候補地を探すことにした。ところが意外にも、遠隔地ほど人気が集まった。さらに三、四回生混合の編成で、強固な縦つながりが生まれ、さまざまなイベントも両学年合同になるなど、久野ゼミでのフィールドワークを通じた学びの原型がほぼ固まってきた。

そうしているうちに、新たな受け入れ先がでてきた。合宿でお世話になった環境省事務所やセンターの職員が、転勤先で自ら受け入れようと声を上げたり、探してくれたこともあり、私が当初に期待したような国立公園管理実習というか、レンジャー＝ビジターセンター主導型実習が八期生の頃から誕生した。

黒島の研究所

黒島は沖縄県石垣島の目と鼻の先にある小さな離島で、八重島海中公園研究所があった。旧知の環境省沖縄事務所長が実習先探しに苦慮している私に紹介

八重島海中公園研究所
海中公園センターのもとに設立された。二〇〇二年に海中公園センターが解散した際、NPO法人日本ウミガメ協議会がこの研究所を引き継いだ。

してくれた。あまりに遠方で自己負担も大きく、希望者がいるか心配だったが、ふたを開けてみると希望者が殺到した。

ここのフィールドワークは、責任者に業務を指示されるというよりも、自分の寝床探しから始まり、老朽化が著しい研究所の補修や、所狭しと並ぶ水槽の清掃など、自主的に業務を探して行い、夕方には海でスノーケルを楽しむ浮世離れした日々だった。責任者のS氏はそんな学生たちを温かく見守ってくださっていた。しかし、三年目に組織改編があり、研究所はウミガメ研究所と名を替え、責任者も交替した。このため、実習の継続は断念せざるをえなかった。

上信越高原国立公園　鹿沢・万座（群馬）

万座駐在レンジャーの管轄下で、ビジターセンターを拠点としてパークボランティアがレンジャーや休暇村と連携して活発に活動している。ここではレンジャーとセンター職員の指導のもと、パークボランティアとともに休暇村来訪者に対して自然観察会のガイドをしたり、清掃やセンターの展示更新などの業務を三～四人のチームで行う実習を、二〇〇五年から開始した。宿泊はセンター、食事は休暇村の従業員食堂である。

支笏洞爺国立公園　支笏湖（北海道）

ここは札幌地方環境事務所の管内である。駐在レンジャーのS氏は札幌事務所を通しての照会に「面白そうだ」と応じてくださった。一〇人以内ならＯＫということで、二〇〇六年から開始した。清掃、山岳パトロール、外来種駆除、ビジターセンターの室内作業と、バラエティに富んだ業務内容だった。もっとも受け入れ先の事情で、計三年で終了となった。

阿寒国立公園　川湯（北海道）

釧路自然保護事務所管内である。レンジャーの方が以前石垣島に駐在されていた時、黒島慰問の折に私が訪問したことがあった。その時の縁で、面白そうだと思われたのだろう、釧路事務所からの照会に手を挙げられ、二〇〇七年から実習を始めた。その後何回かレンジャーは交替したが、現在まで続いている。支笏湖とほぼ同様の業務内容だが、宿泊収容力の関係で定員は三名。ここはエコミュージアムセンターというビジターセンターより大きな環境省直轄の施設があり、その業務も手伝った。

阿寒国立公園　川湯

十和田八幡平国立公園　網張

知床国立公園　羅臼（北海道）

生物多様性センターにおられたW氏がレンジャーとして着任され、二〇〇七年に実現した受け入れ先で、定員四、五人である。地の果て知床、おまけに世界自然遺産ということで人気絶頂、いつも抽選になった。ビジターセンターが新築されたため、古い建物で自炊、寝泊まりする。業務内容は支笏や川湯と同様だが、レンジャーと一緒に羅臼岳日帰り登山をするというハードな体験が最大の目玉。その後、受け入れ側の事情で中止になってしまった。

十和田八幡平国立公園　網張（岩手県）

私の先輩でレンジャーOBのCさんがビジターセンター運営協議会職員として勤務していると聞いて、個人的に頼み込んで実現した定員四人程度の受け入れ先である。

網張は岩手山の中腹にある温泉地で、近傍に休暇村がある。宿泊はセンターの和室、食事は休暇村の従業員食堂。センターの室内作業が中心だが、岩手山などの山岳パトロールも行う。なお、国立公園内にありながら、珍しく自動車が必須要件ではない。

磐梯朝日国立公園　羽黒・月山

磐梯朝日国立公園　羽黒・月山（山形県）

二〇一一年、まったく面識のなかった羽黒・月山駐在のSレンジャーから私にメールで、別件の問い合わせがあった。その折、ダメもとで「実習を引き受けてくれませんか」と返事をしたところ、とんとん拍子に話が決まった実習先である。

宿泊はビジターセンター、食事は休暇村従業員食堂。Sレンジャーの尽力で、多岐にわたるアウトドアの業務が体験できただけでなく、地元市の全面協力のもと、山伏修行体験までできるという至れり尽くせりなものだった（コラム3を参照）。

フィールドワークで重要なこと（3）　リスク管理

実習はさまざまなリスクをともなう。実習先の多くが国立公園などの僻地であり、アウトドアでの作業には危険がつきものである。実習先でも、守秘義務遵守とともに、実習による事故等は自己責任であるという誓約書を書かされることが多くなってきた。

最大のリスクは自動車の運転にともなうものである。しかし、実際問題として自動車なしでは実習そのものが成り立たないところが多い。経費的にも自家用車に分乗して行くほうがはるかに安上がりなことを考えると、万一の場合、ゼミ担当教員としての責任を問われることも覚悟のうえで、ゴーの判断を下すしかなかった。

保険に加入させること、フェリーの活用や近傍でのレンタカー借り上げを推奨するとともに、ドライバーは一台につき二人を確保するよう実習計画を立てるなど、少しでもリスクを減らす工夫が必要である。

保険については、全員に学生教育研究災害障害保険Bタイプに加えて、学研災付帯賠償責任保険インターン賠Bコースに学部事務室を通して加入させた。ゼミ生はゼミ費で、他のゼミから実習に参加を希望する者は自己負担で加入することになる。

column 3 2011年度月山実習報告

8月4日から11日まで山形県にある磐梯朝日国立公園へWA、IT、US、TO、TAの5名で実習へ行ってきました。実際は新潟で1泊しているので、行き帰りでプラス1日ずつとなっています。

私たちが実習で訪れた磐梯朝日国立公園は日本で3番目の大きさを誇る広大な国立公園なのですが、レンジャーさんはたった2人しかいらっしゃいません。そこで地元のパークボランティアさんや、所在地である羽黒庁舎の職員さん、アクティブレンジャーさん、休暇村の職員さんなど多くの方々の協力のもとに運営されています。そこで私たちの実習のコーディネイトをしてくださった坂本さんは、ビジターセンターの業務だけでなく、できるだけ多くの人とかかわりあいが持てるように実習内容を考えてくださいました。

まずビジターセンター前にある掲示板の更新業務と、「せっかくの月山！」というわけで月山8合目弥陀ヶ原へ向かいました。

この日は地元の方もびっくりするくらいの晴天で、鳥海山や庄内平野を遠くのほうまで見渡すことができました。8合目からの景色を見たとき、実習先を月山に選んで本当に良かったなと思いました。真っ青な空と緑のコントラストがまだ眼に焼きついています。

この日だけではなく、実習中はほぼ毎日きれいなお天気で気持ち良く過ごすことができました。日ごろの行いのおかげでしょうか。

弥陀ヶ原には珍しい高山植物がたくさん生息しており、開花して見ごろの高山植物を 掲示板で登山者の方にお知らせしています。その更新業務を私たちでさせてもらいました。すぐできるやろと簡単に考えていましたが、思いのほか熱中してしまい、4時間ぶっ通しでパソコンとにらめっこすることになりました；；しかし！ なかなかの力作ができあがったと自負しております。

そして実習前半の山場は、ビジターセンター内にある遊歩道のプログラムづくりと、プレゼンテーションです！

2つの班に分かれて「バリアフリー」と「親子連れ」というトピックでプログラムを考え、ビジターセンターの職員さんや、パークボランティアの方々の前でプレゼンをしました。実際に学外の方に向けてプレゼンをし、意見をもらうのは緊張もしましたが、良いアドバイスをたくさん聞くことができ、良い勉強となりました。

その他の内容としては、出羽三山の山伏信仰の文化を学ぶために山伏修行体験をしたり(滝にうたれたり煙でいぶされたりしてました)、後半の山場であるこどもパークレンジャーキャンプに参加したり、地元の観光協会業務体験ということで花火大会の設営補助など、盛りだくさんの内容でした!!

パークレンジャーでは子どもたちから元気をもらい、花火大会の設営補助は肉体労働で正直しんどかったですが、最後に一番良い席で花火を見させてもらいました。

この実習では……
・レンジャーがトップではあるが多くの人の協力があって初めて公園の管理ができているんだよということ
・地元の業者との意思疎通がうまくできなかったために失敗してしまったこと
・短い任期で何かを成し遂げることの難しさ、次のレンジャーへの引継ぎ
・自然保護と開発のバランス
・地元の人しかわからない微妙な村社会と文化の大切さ（見えないものではあるけどそれを無視して開発はできないこと）
・レンジャーの仕事の広さ、多さ！
など、実際に行ってみるまではわからなかったことを、たくさん学ぶことができました。

そして
青い空、まぶしい緑！　おいしいご飯とスイカ！　満天の星空！　アブ！　大玉の花火！　優しい東北の人々、元気な子どもたち！
夏満喫しました。思い残すことは（多分）もうありません。

最後になりましたが、今回の実習でお世話になったすべての方と、ご自分のコレクションを明け渡して実習先を確保してくださった久野先生に、ここでは書ききれないほど感謝しています！　ありがとうございました。

第4章

実習で大事なこと、そしてわかってきたこと

実習準備から終了までの年間スケジュール

実習を行うためには年間スケジュールを考えなければいけない。

(1) 4～5月：前年度の受け入れ先に依頼のメールを送る。担当者が異動されている可能性もあるので、確認の意味もある。併せて全国の地方環境事務所長宛に協力依頼のメールを送る。新規受け入れ先候補が出れば、先方の条件と具体的な実習内容をすり合わせて、協議を開始する。5月中に、今年度の受け入れ先と人数、期間、希望時期、条件（宿泊箇所、自動車必須か否か等）等がおおむね決まる。

(2) 5～6月：ゼミ生に実習箇所と内容（予定）一覧を示し、希望調書を提出させる。希望コース数、第1～第3希望のコースを選択させるほか、自動車の提供や運転ができるかなどを記載させ、調整する。自動車が必須要件なコースは「自動車を提供できる」、次いで「ドライバー役が可能」な学生が優先される。どうしても調整困難な場合は4回生を優先し、場合によっては抽選も行う。6月末には、コースごとにメンバーを確定させ、リーダーを決める。

(3) 7月：リーダーは受け入れ先と個別に連絡をとり、詳細な日程等を定めるとともに、必要な準備等の指示を受ける。ゼミでは「実習心得」を講義し、リーダーに実習ノートと、実習指導者に記入してもらう実習参加証明書の用紙を渡す。
久野は受け入れ先あるいはその上部機関と所要の手続きをとる。環境省関係の施設では多くの場合、学部長名による所定のインターン手続と本人の誓約書の提出が必要。さらに、学部事務室に実習計画をあらかじめ提出する。

(4) 8～9月：実習開始。実習先到着時と実習を終了して帰着した時点で、電話またはメールで確認。終了後、久野より実習受け入れ先にお礼のメールを送る。

(5) 9～10月：ゼミで実習ノートを供覧し、実習報告を行う。さらに、ゼミブログで実習報告を行わせる（コラムを参照）。

受け入れ先やその業務においては、さまざまな形態がある。私のゼミ実習はその一つの事例に過ぎない。教員それぞれに応じて、いろいろなフィールドワークがあろうかと思う。

教員の人脈がある地域で合宿型フィールドワークを導入することにより、ゼミ内の絆効果が生まれることだけは間違いないと思う。またその時に、教員の人脈をたどりゲストスピーカーを招いて話を聞く、あるいは逆に訪問するなどの交流をすることの教育的効果は大きいと思うし、それがフィールドワークの第一歩になることもあろう。

いずれにしても私のゼミ実習だけでなく、総合政策学部の教員有志が継続的に実施している、東日本大震災の被災地の一つ、気仙沼大島のボランティアに参加したいという学部生が後を絶たない。学生、特に総合政策学部の学生には地域貢献やボランティアへ参加したいという欲求が強くある。

当初は作業手伝いなどのボランティアをする実習だから、あまりに自己負担の大きい遠隔地の実習には来ないだろうと思っていたのであるが、それはまったくの間違いだった。日常とは異なる経験ができ、何らかの貢献を実感できる場合、実習へのニーズがきわめて強いことは間違いない。

以下、フィールドワークを積み重ねた結果、感じたことをまとめてみよう。

実習においては、ボランティアは実習生でなく受け入れ先であること

当初「ボランティア実習」と称していたように、実習は何らかのお手伝い（＝ボランティア）を行うという主旨だったが、受け入れ先にいろいろな業務を体験させてもらうという程度で、戦力として役に立つものではない、実を言えば、受け入れ先では準備や調整に多大な労力を費やしている。つまりボランティアをしているのは実習生ではなく、受け入れ先なのである。

実習期間がおおむね一週間以内なのは、受け入れ先の限界とみなしたほうがいい。実は、一回だけで終わった実習もいくつかある（白神山地、笹ヶ峰等）。多忙という理由づけがなされているが、真の理由は受け入れの煩わしさにあるのかもしれない。だからこそ実習参加者は、「ボランティアだ」という傲慢さをもってはならない。受け入れ先こそがボランティアなのである。したがって、担当者が代われば、容易に受け入れが停止されることも当然予想しなければならない。

これは、日本の国立公園は米国などと異なり、ボランティアを戦力としてカウントする体制がないことが根本的な理由である。ボランティアの受け入れに

力を入れても、それはレンジャーの個人的な趣味、道楽としかみなされないのである。そういう評価システム自体に真の問題があるのだが、だからこそ、それでもあえて引き受けてくれてきた受け入れ先に衷心から感謝したいと思う。

もちろんひたすら単純作業を繰り返すようなものなら真のボランティアということになる。初期の頃、某町営キャンプ場の管理業務などを実習先として派遣したことがあり、受け入れ先からは感謝された。しかし、内容的に本実習としては相応しくないと考えた。逆のケースでは、旧知の他大学の教員が北九州市と組んで、受講生を各種施設の見学ツアーに派遣する事業をしていて、それに参加させたこともあった。しかし、純粋な見学・視察であり、私のゼミ実習の本来の趣旨とは異なった。そのためこれらのケースでは、実習は一年限りでとりやめた。

実習の効果　受動型実習の限界と能動型実習

こうしたフィールドワークの教育的効果は言うまでもないだろう。自分でゴミ拾いの経験をした者は決してゴミを捨てないという即自的なものだけでなく、現場では環境問題にどう対処しているかを理解し、現場の職員の問題意識の一端でも共有することの効果は絶大である。副次的には「絆効果」が大きい。実習生同士、実習生と受け入れ者との間に、実習終了後も絆が形成されることの効果はきわめて大きい。

実習参加者が実習終了後、あるいは卒業後も訪問したり、実習受け入れ者が大阪地方環境事務所に転勤すれば、実習参加者が歓迎会をすることもあったと聞くし、他の場所に転任した時も、条件が許せばその地で実習生を受け入れてくれることもあった。

その一方で、いくつもの課題が見つかった。たとえば、ここまで述べてきた実習とは、いずれも実習受け入れ先の指導者の指示で業務体験する受動型の実習である。もっと能動的な実習はないものだろうか？

二〇〇四年、私も審査委員をしているエスペックの地球環境研究基金に、屋久島へ学生を派遣して環境保全活動をさせるアイデアが、本学部メディア情報学科のM先生より応募され、選定された。私自身はまったく関与しなかったが、その資金で私のゼミ生が多数屋久島に渡り、民家の一室を借り上げ、ほぼ一カ月にわたってさまざまな活動をしたことがある。参加者にとってきわめて意義深い経験となったし、参加者の間には深い絆が生まれたろう。しかし現地に足がかりがなく、拠出された資金が切れればそれで終わるしかなかった。

一方、二〇〇五年から始まった阿蘇実習では、受動型実習からスタートしたが、いろいろな変遷を経て、能動型実習として展開されるに至った。すなわち、関係者の協力のもと、草原再生保全活動を地元の牧野組合と提携して行う地域貢献型自主実習として今日まで継続している。

また、二〇一〇年から始まった白山麓実習は、ボランティアとしてゼミの手助けをしてくれている本学研究科卒の野畠章吾氏の発案によるもので、地元白山市や都市公園の指定管理者と提携するゼミ横断型のプロジェクトとして、なお発展途上にある。この二つの実習はそれぞれ第五章と第六章で紹介するが、そこで自主的実習への模索と地域貢献について考えていきたい。

牧野組合
草原を入会地として利用して畜産業を営んでいる農家（有畜農家）により構成され、放牧・採草に入会地を利用すると同時に、野焼きや輪地切りなどの作業を行い、草原を維持・管理している。

フィールドワークで重要なこと（4）　成果の還元

大学の授業において、特に実習を実施した場合、その成果をどのように還元していくのか、その位置づけが重要であることは論を待たないであろう。特に、私のゼミのフィールドワークの場合、参加者はごく少数であり、その体験が参加者の中だけにとどまる場合は、教育的効果にも限度があると言って良い。それでは、どのような可能性が考えられるであろうか？

リサーチ・フェア／コンソーシアム
関西学院大学総合政策学部／総合政策研究科では、毎年それぞれ一一月と五月に学会形式で学部生や大学院生の研究成果発表の場を設けている。

一つは成果の公表である。幸い、総合政策学部ではリサーチ・フェアやリサーチ・コンソーシアムなど、学生の成果をプレゼンテーションする場が整備されている（第五章、第六章を参照）。さらに研究室ブログなどで報告することもできる（本書に掲載したコラムを参照）。本書もまたその一環である。

もう一つは、同じゼミでの学年を越えた体験の継承、あるいは体験を伝え合うことでノウハウや知識を蓄積することである。この点は第五章での阿蘇実習、そして第六章の白山麓実習での成果を参照していただきたい。この二つは、特に地域貢献の可能性も含めて、政策系学部のフィールドワークを通じた教育の可能性を広げるものであると評価しても良いだろう。

第5章

阿蘇実習

地域貢献型自主実習への挑戦

阿蘇草原の景観

グリーンストック
阿蘇の草原の保全再生のために一九九五年に立ち上げられた公益財団法人。正式名称は阿蘇グリーンストック。

阿蘇山は周知の通り世界最大級のカルデラで、いまも時折激しい噴煙を上げている活火山である。その雄大な景観ゆえに、古くから阿蘇国立公園に指定され（現在は阿蘇くじゅう国立公園）、観光地としても名高い。

阿蘇の魅力はそれだけでない。もう一つ、広大で優美な草原景観である。だが、この草原は原生的な景観でなく、千年前から「放牧」「採草」「野焼き」など人々が農畜産業を営むために、手を加えることによって、森林へと遷移することなく、草原のまま維持されてきた二次的な自然なのだ。こうした草原は多くは牧野組合と呼ばれる集落ごとの入会権者たちによって管理されてきた。だが戦後の高度経済成長は農畜産業の衰退、大都市への人口流出、後継者不足等をもたらした。この結果、阿蘇においても、適切に管理された草原の著しい減少を招いている。

こうした草原の多くは国立公園に指定され、環境庁によって管理されてはいるが、国立公園の根拠法である自然公園法というスキームは、許認可という規制の運用によって、主として一次的な自然景観を保護しようとするものである。草原保全のために欠かせない持続可能な農畜産業の維持振興に寄与できることは少なく、いまも草原は減少し続けている。この草原再生のための都市住民によるボランティア活動も盛んで、グリーンストックという大規模なＮＧＯ

も立ち上がっているが、絶対的な労働力の不足はいまも続いている。

初期の試行錯誤

二〇〇五年より遠隔地の実習適地を求めて、各地の地方環境事務所長宛に照会文を送付したところ、九州地方を管轄する熊本地方環境事務所長から、阿蘇自然環境事務所で大学生向けに草原再生ボランティアの試行のツアーのようなものを検討しているので、参加してはどうかという提案があった。後から聞いたところでは、ちょうどその年、一定の環境教育の予算がついたため、われわれのためにそういうツアーを企画しようということになったようである。

こうして第一回にあたる二〇〇五年度実習は、環境省阿蘇自然環境事務所主催「阿蘇の草原環境を学ぶツアー」（四泊五日）に参加する形で始まった。以下、経過を追いかけながら、阿蘇での実習の変化と成長を紹介しよう。

第一回の参加者は一三名（久野ゼミ一〇名と他大学生三名）だった。宿泊等は国立阿蘇青少年交流センターで、参加費は一万八千円だった（関西からの交通費は別）。九月二一日から二五日まで、四泊五日（表1）。ボランティア（輪地焼き）はかなりの重労働だったが、学生には達成感があったようだ。また座

表1　第1回実習

日　程	時間帯	プログラム
9月21日	午後	野外講義（「青空学」と銘打つ。以下同じ）
	夜	座学交流会
9月22日	午前	ボランティア（輪地焼き）　小堀牧野
	午後	青空学後、ボランティア（輪地焼き）
	夜	夕食・交流会　小堀牧野
9月23日	午前	草原観察会、ボランティア（草原再生実験地採草）
	午後	青空学
	夜	座学、座談会
9月24日	午前・午後	青空学（エコツアー）
	夕方	座学
	夜	ワークショップ
9月25日	午前	振り返り（ワークショップ意見発表）

学だけでなく、ワークショップなどもあり、小堀牧野の人々とも交流ができ、全体として非常に好評で参加者の満足度は高かった。

このように初年度は順調に終わったが、次年度の二〇〇六年は、環境省事務所と阿蘇青少年交流センターが共催する「阿蘇の草原物語　秋編～環境ボランティアのすすめ～」（二泊三日）に参加する形となった。実は、後述するように、これが実習の一つの転機となった。参加者は計三五名で、久野ゼミ生は一〇名。一般参加の高校生・中高年市民が二五名となる。宿泊等は阿蘇青少年交流センター。

具体的なプログラムを表2に示すが、学生からの評価が一変したのである。

第二回は、主催者側は参加人数を増やすため、青少年交流センターと共催するとともに（センターの広報を利用、センターも事業実施者として実績を作れる）、高校生や中高年が参加しやすいように、日数を短縮して三連休に実施した。この結果、参加者は増えた。しかし、ツアーそのものがボランティアによる牧野への貢献よりも、体験への参加を重視するものとなり、それも中高年でもできるような軽作業に限られた。このため、久野ゼミ生から不評の声が上がった。座学も、もっぱらお話を聞くだけの受動

表2　第2回実習

日　程	時間帯	プログラム
10月7日	午後	エコトレッキング
	夜	座学
10月8日	早朝	草原散策　小堀牧野
	午前	ボランティア（輪地焼き）　小堀牧野
	午後	ボランティア（牧柵修理）　小堀牧野
	夜	座学
10月9日	早朝	草原散策　小堀牧野
	午前	ボランティア（草木積み）　木落牧野
	午後	座学

的なもので、特に第一回からの参加者の不満は大きかった。

自主実習化への検討　企画段階からかかわることに～二〇〇七年

第二回実習（というよりも、環境省主催ツアー）で実施された参加者アンケートで、一般参加者はともかく、二年続けて参加した久野ゼミ生からの評価が芳しくなかったことに、担当のアクティブレンジャー（自然保護官補佐、以下ARと略す）の永原氏は衝撃を受けた。

永原氏はそこで、企画段階から学生に参画してもらうことを思い立ち、私に連絡されてきた。私は、三回生の時に阿蘇実習に入れ込み、それだけに第二回実習で落ち込みも激しかった四回生のKUに、永原氏のアドバイスを参考にして、阿蘇実習のあるべき姿について卒論として探求するよう示唆した。その結果、KUは永原氏と連絡をとりながら、「私の心のなかのカルデラ～これでいいのか!?　阿蘇実習～」として卒論をとりまとめ、第三回実習での具体化を三回生のYOに託した。YOはその後数回にわたって阿蘇を訪問して、永原氏や関係者と協議のうえ、第三回実習の準備を進めていった。

KUが提起した選択肢には、二〇〇六年のような一般向けツアーを延泊させ

表3　第3回実習

日　程	時間帯	プログラム
9月15日	午後	受付、青空学
	夜	青空学、座学
9月16日	午前	ボランティア（草寄せ）　新宮牧野
	午後	ボランティア（牧柵・有刺鉄線撤去、草刈り）　新宮牧野
	夜	交流会　新宮牧野
9月17日	午前	ボランティア（畜舎廃材の移動、分別、牛追い）　狩尾牧野
	午後	青空学、実習（草を入れた紙つくり体験）
9月18日	午前	青空学、実習（薪割り、ご飯つくり）
	午後	座学、グループワーク
9月19日	午前	ワークショップ、閉会式

ることでよりハードな作業を組み込むプランと、一般向けツアーとは別に学生向けツアーを企画する二案があった。ＹＯは関係者と協議の結果、後者のプランを実施することにした。

このような経緯を経て、第三回実習は環境省事務所と（財）グリーンストックの共催による学生向けツアー「阿蘇の草原を守る実践活動！」（四泊五日）に、学生が企画しながら参加する形をとった（表3）。参加者は一三名、このうち久野ゼミ五名、他の総政学生一名、他大学等七名であった。リーダーはＹＯが務めた。この実習では、参加者にアンケートも実施したが、お仕着せでなく、自分たちが作り、地元の人にも歓迎される実習だったことで、参加者の満足度は高かった。リーダーのＹＯは終了後阿蘇に飛び、関係者と反省会を行ったが、ここでも高い評価を受けた。ＹＯはこの体験を「二〇〇七年度阿蘇実習の企画と運営」として卒論にまとめている。

この形式は二〇〇八年度の第四回実習でも継承された。第四回実習のキャッチコピーは「若い力で守るぞ！　阿蘇の草原」。もっとも、基本的に第三回を踏襲するということで、企画段階では久野ゼミ生はかかわらなかった。参加者は二一名で、久野ゼミ生一三名、それ以外の総政一名、他大学生等七名であった。

表4　第5回実習

日　程	時間帯	プログラム
10月8日	午後	受付、青空学
	夜	実習（お箸つくり）
10月9日	午前・午後	ボランティア（草寄せ、牧柵修理、草刈り）　新宮牧野
	夕方	座学
	夜	交流会　新宮牧野
10月10日	午前・午後	ボランティア（輪地切り、輪地焼き）　町古閑牧野
	夜	地域の祭り（淀）に参加
10月11日	午前	ボランティア（輪地切り、輪地焼き）　小堀牧野
	午後	グループワーク
10月12日	午前	意見交換会

真の自主実習へ　「Link　ASO」の旗上げ（二〇〇九年）

第四回までの実習は環境省主催であり、参加費は実費のみ、実習にともなう諸経費は環境省事務所が予算をとっていた。ところが、二〇〇九年度からは環境省予算がつかなくなったというニュースがもたらされた。さらに第四回までの実務を担当していたARの永原氏の任期が切れ、退職されることになった。その永原氏から、昨年度の実習の共催団体である（財）グリーンストックに勤務することになり、全面協力するので自主実習を続けられないかという申し出が私にあった。

そこで、二〇〇八年も参加した四回生KAがリーダーとなって、自主実習を追及することにした。可能な限り外部資金の導入を模索するが、不可能ならばゼミ費で対応することにした。この年は、永原氏の斡旋で再春館製薬のCSR団体である一本の木財団から四〇万円の助成を受けることにした。その場合、補助対象としてオープンな団体を設立するのが望ましいということで、NPO「Link　ASO」を立ち上げた。実体は、もちろん実習参加の学生である。

二〇〇九年度からはリーダーと中心メンバーが実習の数カ月前に阿蘇に行き、関係者と調整し、秋の実習計画を固めた。冬にも阿蘇に出かけて、野焼き

表5　第6回実習

日　程	時間帯	プログラム
10月14日	午後	座学
	夜	阿蘇ビデオ鑑賞
10月15日	午前・午後	阿蘇地域散策、観光客へのアンケート
	夜	祭りに参加
10月16日	午前	ボランティア（牧柵切り）　新宮牧野
	午後	青空学、ボランティア（草集め）　新宮牧野
	夜	意見交換会、インタビュー　新宮牧野
10月17日	午前	青空学、インタビュー　小堀牧野
	午後	ボランティア（輪地焼き）、インタビュー　町古閑牧野
	夜	意見交換会
10月18日	早朝	インタビュー（グリーンストック）
	午前	施設見学、インタビュー（直売所）、観光客アンケート
	午後	インタビュー（田園空間博物館）

の手伝いなどを兼ねて、関係者と来年度に向けての反省会を行うのが恒例になった。

こうして、二〇〇九年度から実習の主催者は久野ゼミ有志を中心とするＬｉｎｋ　ＡＳＯとなった。この年のキャッチコピーは「守り抜け！　阿蘇の草原」で、四泊五日。環境省事務所と（財）グリーンストック協力という形である（表4）。参加者は約一〇名、ほぼ全員が久野ゼミ生だった。リーダーは四回生のＫＡであった。

初の自主企画の実習に対して、参加者の満足度は高かった。一本の木財団からの助成金として四〇万円を受けたが、実習生の旅費には充当できないため、相当額の残額が出て、返却した。ちなみに現在の阿蘇実習では、参加者は真っ赤な上下のつなぎを着て活動することで、地元紙上を賑わしているが、このつなぎはこの時誂えたものである。

二〇一〇年度実習は前年度に引き続き、Ｌｉｎｋ　ＡＳＯ主催で、キャッチコピーは「守り抜け！　阿蘇の草原事業」、環境省事務所、（財）グリーンストック協力のもとで四泊五日で行った（表5）。参加者は久野ゼミ七名で、リーダーは四回生のＣＨだった。阿蘇青少年交流センターに宿泊した。外部資金に関西学院大学の「Ｍａｓｔｅｒｙ

ｆｏｒ Ｓｅｒｖｉｃｅ学生企画」の助成を受けた。
この年は、地元紙に取り上げられた。この回の特徴は、インタビューやアンケートを実習に組み込んだことである。Ｌｉｎｋ ＡＳＯのＨＰも立ち上げた。ただし、その後の更新は行っていない。ＣＨはこの実習の活動で、この年の総合政策学部「ＳＰＳ Ａｗａｒｄベストコントリビューション」を受賞している。

阿蘇草原再生協議会への参画と草原再生基金の助成

二〇一〇年度の実習でＬｉｎｋ ＡＳＯは、阿蘇草原再生協議会の奨励賞を受けた。協議会の業務委託を受けていたコンサルタントが、たまたま私と旧知の仲であったことから、Ｌｉｎｋ ＡＳＯも二〇一一年より協議会のメンバーとなった。協議会ではこの年から草原再生基金による助成の公募を開始したので、応募し採択された。

なお、自主実習とはいっても、実際に現地関係者との調整を一手に引き受けてくださったのは、元ＡＲで、その後は（財）グリーンストックで草原再生に引き続きかかわられた永原氏だった。永原氏はこの年に結婚されて退社、博多

阿蘇草原再生協議会
環境省事務所や（財）グリーンストック、主要牧野組合などの草原保全再生にかかわっているメンバーにより結成された。事務局は（財）グリーンストック。

表6　第7回実習

日　程	時間帯	プログラム
10月14日	午後	座学
10月15日	午前	ボランティア（輪地焼き）　町古閑牧野
	午後	青空学
10月16日	午前、午後	ボランティア（樹林地草原再生）　新宮牧野
	夕方	阿蘇地域散策
	夜	意見交換会　新宮牧野
10月17日	早朝	青空学　小堀牧野
	午前	座学
	午後	阿蘇地域散策

に住まわれることになったが、その後も協力は惜しまれなかった。とはいえ、学生が現地関係者と直接接触せざるをえない場面も増えた。

二〇一一年度実習（第七回）は、Ｌｉｎｋ　ＡＳＯ主催でキャッチコピーは「阿蘇の草原維持活動を学ぼう！」として三泊四日で企画された（表6）。環境省事務所ならびに（財）グリーンストック協力の形である。参加者は久野ゼミ生八名で、リーダーは四回生のＩＳであった。宿泊等は阿蘇青少年交流センター、外部資金として阿蘇草原再生基金の援助を受けた。この年も地元紙に取り上げられるなど、参加者の満足度が高かった他、阿蘇草原再生協議会から特別賞を受賞した。

リーダーのＩＳは「阿蘇実習を考える～Ｌｉｎｋ　ＡＳＯのこれから」と題する卒論をまとめたが、このなかでＯＢ、ＯＧの組織化を提案している。ＩＳはこの阿蘇実習の活動で前年に引き続き「ＳＰＳ　Ａｗａｒｄ　コントリビューション」を受賞した。

第八回実習はキャッチコピーを「Ｌｉｎｋ　ＡＳＯは終わらない～水害からの復興～」として、Ｌｉｎｋ　ＡＳＯ主催、環境省事務所・（財）グリーンストック協力で行った。参加者は久野ゼミ七名、ゼミ外では三田キャンパスの環境ボランティアサークルであるグローバルアイズのメンバー四名。リーダーは

表7　第8回実習

日　程	時間帯	プログラム
10月13日	13：00	青少年交流の家入所
	15：00	(財) グリーンストックの道具をお借りする
		阿蘇観光
10月14日	9：30	小堀牧野さんにて牧柵作りのお手伝い
	16：00～ 17：00	アクティブレンジャー木部さんによる勉強会 in自然公園財団阿蘇支部
		その後、木部さん、阿蘇自然環境事務所の杉田所長、熊本学園大学で草原についての講義をされている方と交流会
10月15日	9：00～	町古閑牧野組（6名）と新宮牧野（4名）に分かれて作業
		町古閑牧野→草刈り
		新宮牧野→原木に印つけ
	18：00～	新宮牧野との親睦会　in内牧1区公民館
10月16日	10：00	青少年交流の家退所
	13：30	(財) グリーンストック山内専務による勉強会

四回生のWAであった。五泊六日で、宿泊等は阿蘇青少年交流センター、外部資金として阿蘇草原再生基金から支援を受けた。

表7はそのプログラムだが、直近の実習なので、やや詳細に記した。この回は久野ゼミの実習としての活動最後の年だが、現地は七月に水害に見舞われた。水害に対する復興支援として、事前調査・打ち合わせの際に三つの牧野組合に実習生、実習生OBからの義捐金を手渡すとともに、復興作業の手伝いも行った。また、一〇月の実習の際も追加の義捐金を手渡した。この年は次年度以降LINK　ASOを引き継ぐゼミ外の四名の学生と共に実習を行った。さらに牧野の方々との交流を密にすることで、来年度からのLink　ASOへ引き継ぎの地盤を固めた。

さて、阿蘇実習はLink　ASO主催という形式をとるものの、実質的にはゼミ事業以外のなにものでもない。したがって、私の退職により終了することを危惧したが、幸い後任の教員が引き続き実習の継続を志されている。すでにグローバルアイズを主体とするLink　ASOの継続についても合意があり、二〇一三年度の実習参加者の目処もある程度ついているので、当面の継続について問題はない。

二〇一二年豪雨災害と義捐金

二〇一二年七月、阿蘇地方を豪雨が襲い、各所で地滑りなどの大災害を起こした。本実習でお世話になっている牧野でも被害がでた。現役生、OB、OGによびかけ、義捐金を集め、三つの牧野に送った。義捐金総額は一五万円になった。

フィールドワークを実施するうえで重要なこと（5）　地域貢献

第六章で触れる白山麓実習でも同じであるが、学生による自主的なフィールドワークの進展とともに、大きく浮かび上がってきたテーマに「地域貢献」があげられるかもしれない。お仕着せ型の実習では得られない貴重な体験とも言えるだろう。

たとえば、阿蘇実習は地元牧野の人々に大歓迎されている。赤牛バーベキューでもてなしてくれる牧野の人々との交流会がその証左である。だが、正直言って、それはゼミ生たちの実習作業がボランティアとして貴重な戦力になっているからではない。むしろ実習生の作業のための、受け入れ側のお膳立てのほうが大変であろう。地元の大歓迎はなによりも阿蘇の草原を大事に思ってくれている都会の若者への感謝の念であり、阿蘇の草原のおかれている苦境を関西の若者に伝えてほしいというメッセージなのだと思う。それに応えるためにはさらに工夫が必要である。たとえば、実習生の人数を大幅に増やすことは、自動車の手配の都合からも、受け入れ態勢から言っても難しい。すなわち、実習を終えた後、阿蘇の草原再生のことを、そして阿蘇の牧野を守ろうとしている人々のことを、いかに知らしめていくかが、鍵であろう。

グローバルアイズとの協働

グローバルアイズ（以下GE）は三田キャンパスの環境ボランティアサークル（公認団体）。私は顧問だったが、実際にはまったくかかわっていなかった。ところがこのメンバーが二〇一二年度に文学部の二名だけになってしまい、急遽久野ゼミが支えることにした。久野ゼミの阿蘇チームは全員GEに参加するとともに、文学部の二名も阿蘇チームに参加した。こうしてLink　ASOは久野ゼミとGEで構成されることになった。ゼミ外生四名の旅費はGEから特別助成した。

研究成果の公表についてはリサーチ・コンソーシアム、学園祭、リサーチ・フェアなどで効果的に伝えていくことを心がけた。同時に、活動の維持のために募金活動を行うこと、さらにこうした活動をバックアップする体制が必要であろう。二〇一一年度リーダーのISが言うように、実習参加者OBの組織化、後援会組織の発足もその一つである。

この実習への参加が阿蘇の草原、そして阿蘇の人々への熱い思いを育んでいることは間違いないし、後援会組織の発足も可能性がないわけではない。今夏の災害に対しての実習OBからの義捐金への素早い対応は、その潜在的なポテンシャルの高さを物語っていると言えないだろうか。なお、Link　ASOではHPを作成しているが、その維持・更新は難しい。第六章で紹介する白山麓プロジェクトの対応を参考にすることが望まれる。

column 4　2011 年度阿蘇実習報告

今回は昨年 10 月に行った阿蘇実習の報告をさせていただきます。いろいろな問題を抱える阿蘇の草原維持に少しでも貢献したいと、昨年度の実習も頑張ってきました。

1 日目：10 月 14 日 (金)

朝に大分港に着き、そこから馬くん車とレンタカーで阿蘇に向かいます。

お昼ごろに阿蘇に到着し、阿蘇の名産あか牛を食べて、午後からは勉強です !!

環境省阿蘇自然環境事務所のアクティブレンジャーである木部直美さんに「阿蘇の草原の基礎知識」について教えていただきました。阿蘇の草原を巡りながらの青空学の予定でしたが、残念ながら当日の天候はどしゃぶりの雨……。室内で阿蘇の草原についての基礎知識や草原維持の現状、草原を守るための取り組み等について教えていただきました。

2 年目参加の私でも知らなかったことがたくさんあり、とても勉強になりました。

その日の夜はミーティングを行い、「草原は守っていくべきか？」について皆で話し合いました。「草原は守っていくべきだ！」と考えていた私にとって、皆の意見が新鮮でした。

2 日目：10 月 15 日 (土)

町古閑牧野さんで、輪地切りのお手伝いをさせていただきました。3 月に行われる「野焼き」という作業に向け、防火帯作りです。草刈り機で広大な面積の草を刈りました。最初は使い慣れない草刈り機に苦戦していましたが、皆コツを掴んで上手に刈っていました。

私たちは平面での作業で、牧野組合のおじちゃんたちは急斜面での作業。若い学生たちが平面でするのも大変な作業なのに、高齢者の方が急斜面で作業となると、どれだけ体力的にきついのだろう？　と考えさせられました。その夜もミーティングを行い、草原維持作業の感想や草原維持について考えたことなどを話し合いました。

3 日目：10 月 16 日 (日)

新宮牧野さんで、樹林地を草原に再生するお手伝いをさせていただき、木を刈ったり、運んだりするなど、今まで経験したことのない貴重な体験をさせていただきました。斜面での作業で、作業中に牧野組合のおじちゃんが何度か転がり落ちそうになったときはヒヤヒヤしました。それだけ大変な作業であるということです……。

初めは木がたくさん生えていた斜面が、作業後には山肌だけになっている様子を見て大きな達成感を得られました。その山肌が草原になった頃、見に行ってみたいと思います。

4日目：10月17日(月)

最終日です。朝から宿泊先の"阿蘇青少年交流の家"横にある、小堀牧野さんの放牧の様子を見学させていただきました。お世話になった田島さんの一声でたくさん牛が集まってくる様子を見て圧倒されました。阿蘇名産のあか牛に、小学生が体験で書いたという素敵な言葉が書かれていたのが印象的でした（「がんばろう！日本」や「美しい阿蘇」等々）。

その後は公益財団法人として阿蘇の草原維持活動においてボランティアの募集を行っている、阿蘇グリーンストックで専務理事を務める山内康二さんに「阿蘇の野焼きボランティアの現状」について話を聞かせていただきました。

近年、ボランティア参加者の数は確保できていますが、ボランティア参加者のほとんどが高齢者で、ボランティアの高齢化も問題になっているようです。60社の企業からの支援や環境省の委託業務による収入で成り立っているグリーンストックは財政的に厳しく、遠方からの学生向けボランティアツアーも企画したそうですが、宣伝費がなくなかなか実現は難しかったそうです。

このようなお話を聞き、学生である私たちが情報発信の点において何か貢献できることはないかと感じました。阿蘇の草原維持活動について考えていくうえで、阿蘇グリーンストックのボランティアツアーにも参加してみたいと思いました。

そして、その後は観光名所である火口付近や草千里に向かいました！　火口は岩石でできた層が力強く、大迫力でした!!　草千里では美しい草原景観を楽しむことができました。草原の見納めです……。

あっという間の4日間でした。この実習で阿蘇の草原維持活動について勉強し、作業を体験し、たくさんの人と交流したことで、阿蘇にはまだまだたくさんの若い人の力が必要なんだと感じました。またこの実習を通して阿蘇の草原や、街や、景色や人がもっと好きになりました。久野先生の定年退職で、久野ゼミも今の3回生の代で終わってしまいますが、これからも阿蘇との関係を築いていけるようにこの活動を続けていってほしいと思っています。

第6章

未来に繋がる地域貢献プロジェクトを目指して

白山麓実習

（執筆　野畠章吾）

二〇一〇年、筆者が代表を務める（株）クロス・クリエイティブ・コアは、石川県白山ろくテーマパークの当時の指定管理者だった（株）向川外樹園から「地域貢献性のある自主事業を展開したい」という相談を受けた。ちょうど同時期に、関西学院大学総合政策研究科リサーチ・コンソーシアムで師事している久野教授（大学院時代の指導教員）から「学生の実習に相応しい場所はないか？」という話があった。少子化・高齢化が深刻な白山麓は若者の活力が乏しい。数日間の実習とはいえ、若い学生が来訪して、地域の拠点たる公園でボランティア活動を行えば、地元から歓迎されるはずだ。その可能性を感じた時、二つの話が符合した。

しかし、久野ゼミの実習は行政の管理サイドの仕事を実体験することを目的として、国立公園などで現地のレンジャーの指導を受ける形態が多い。それに対して、白山麓実習では、指定管理者が「都市公園における地域貢献性のある自主事業」と位置づけている。したがって、学生たちには、「学び」のインプットよりも、「地域貢献」のアウトプットに主眼をおかれる。当然、白山ろくテーマパークのマネジメント像を事前に理解しておく必要もある。このため、筆者が講師役として、勉強会を行うことにした。二〇一〇年七月頃のことだ。これが、現在に至るまでの白山麓実習プロジェクトの第一歩となった。

白山ろくテーマパーク
平成一五年に開園した石川県白山麓にある県営の都市公園（広域公園）。二地区に分かれ、計約一三ヘクタール。指定管理者により管理されている。

リサーチ・コンソーシアム
関西学院大学総合政策研究科を軸とした、産官学研究協力機構のこと。研究科と企業や研究所、官公庁との研究協力を促進し、人的交流を図るための組織づくりを目指している。

はじめての実習　『政策提案発表会』

第一回は二〇一〇年八月二二日～二五日の三泊四日であった。参加したのは四回生三名と三回生四名の計七名である。受け入れ先は石川県白山ろくテーマパーク指定管理者（株）向川外樹園、担当は同社の澤田和幸氏だった。

内容はテーマパークでの園内作業体験とともに、メインイベントとして政策提案発表会を開催することにした。これは実習を「地域貢献性のある自主事業」として捉え、事前学習にもとづいて「白山ろくテーマパークの利用効果を向上させることが地域活性化に貢献する提案」を行うものである。

八月二二日朝に関西を出発、昼過ぎにテーマパークに到着し挨拶をした。その後、周辺の手取峡谷などを見学した。宿泊は瀬女高原コテージ村だった。

八月二三日は、午前九時から澤田氏が公園マネジメントの現状と課題を講義した。内容は（株）向川外樹園が指定管理者となった経緯や目的、企業活動での指定管理事業の位置づけなどから、公園行政や公園マネジメント、そして企業の実践的な経営視点にまで及んだ。

午前一〇時半から昼食をはさんで午後四時まで、園内作業として徒渉池の清掃ときのこの森の除草を行った。前者は元吉野谷村村議会議員で地元の公共施設の運営等にかかわっている西出一久氏に、後者は地元の市民団体「かわち山

園内清掃

草会」の代表である小村茂氏に指導していただいた。お二人には、現在に至るまで、毎年お世話になっている。

八月二四日は、午前中は針葉樹林ゾーンの園道整備、花壇整備などの園内作業に従事した。昼食後、今回の実習のメインイベントである政策提案発表会の会場を準備して、午後三時より発表会を開催した。

最初の提案は、『白山ろくテーマパークを核とした環境教育実施の効果』である。まず、テーマパークで地元の子どもと都市部の子どもを集めた環境教育プログラムを実施する。これをきっかけに、都市部の子どもがプログラム終了後も引き続き白山ろくテーマパークを訪れ、地元の子どもと交流するという内容である。最終的な狙いは、金沢―小松都市圏の住民が公園と白山麓を訪れる機会の創出である。

第二の提案は『パークウェディング導入の意義と期待される効果』であった。これは、パークウェディングの導入で、公園に「人の行動による景観美」を生み出す狙いとともに、公園ビジネスを意識したものである。指定管理者の関心事項である公園ビジネスに触れた点では、三つの発表の中でもっとも個性的だったといえる。

三番目は、『白山ろくテーマパークにおける園芸療法を活用した自主事業実施の意義』である。子ども、障がい者、高齢者などを対象にそれぞれの課題に応じた園芸福祉事業を展開し、テーマパークの社会貢献性を向上させる。学校や障がい者施設などを通じて参加者を誘致できれば、白山麓への来訪者獲得にもつながるとした。

政策提案発表会には、石川県石川土木総合事務所や指定管理者、地元住民の皆さん約二五名が出席し、活発な質疑応答が交わされた。特に三つの提案がそれぞれ性格が異なり、楽しんで聞くことができたと評価された。一方、実習生たちは「自らの発表を実行に移したい」との想いを強くしたようだ。これが次年度からのプロジェクト型の実習へと飛躍する鍵となった。

実習後、一一月に開催された総合政策学部リサーチ・フェアで、『パーク・ウェディング』の政策提案がポスター部門で奨励賞を獲得した。また、口頭部門での『園芸療法』の政策提案には、「実際に実験導入して来年また発表するように」という審査員（教員）から激励があった。これが彼らの情熱に火をつけたようだ。

懇親会での地元の人々との交流

発表後、公園内のバーベキュー場で懇親会を開いた。この懇親会が持つ意味は大きく、想像以上に地元の方と実習生の絆を深めることができた。特に多くの意見をくださった島田鯛子氏には、二〇一二年度の白山麓実習で昼食を作っていただくなど、毎年温かい応援を頂戴している。なお、島田氏は公園に隣接する「吉野工芸の里」の染色作家である。

実習からプロジェクトへ『キッズ☆すくすく園芸体験』

ところで、初年度の実習では、具体的な活動成果は必ずしも大きなものではなかった。公園内のボランティア作業なら、関西から大学生が出向いて行うほどのことではない。地元の高齢者の方々が若者との触れ合いを喜んでくれても、若者の来訪者であれば達し得ることである。「関西学院大学総合政策学部の学生が現地に行くからこその地域貢献をしたい」、これが次年度のコンセプトになった。

まず、実習チームの体制を改めた。初年度は現地の実情を知らないまま現地入りしたが、事前学習だけではイメージできないことがほとんどであった。しかし、二〇一一年には四回生の四名が再度参加することとなった。現地をおおむね把握している彼らが、新たに加わる三回生六名に現地の事情も伝えながら、協力して計画を立てることにした。実習準備や運営も可能な限り学生の自主性に委ねることとして、代表者にＭＡが指名された。

さらに、前年の三つの政策提案を指定管理者と筆者、学生で協議した結果、具体的なテーマとして「白山ろくテーマパークにおける園芸福祉事業の試験導入」を取り上げることにした。このテーマが公園の特性にもっとも合致し、か

政策提案発表会

つ実現可能性が高いと判断したのである。こうして一つのプログラムを企画から実施まで学生が中心となって進めるプロジェクトへと進化した。

中心となる園芸福祉事業では、その対象を石川県立明和特別支援学校として、四月頃から同校と協議を続けた結果、参加がほぼ決まりかけていた。だが六月に突如「スクールバスの確保ができない」と連絡が入り、来園が流れてしまった。筆者は焦ったが、学生たちは落ち着いたものだ。「高齢化が進む白山麓では子どもの笑い声が活力になる」というコンセプトで、一歳半から三歳程度の幼児向け園芸福祉事業に修正したのである。幼児には「初めての園芸を通した情操教育」を、お母さんには「外出機会の提供（お母さん一人で小さな子どもを連れて外出するのは大変）」を提供する。募集の拠点も、白山市平野部、金沢市南部、野々市町（現野々市市）などの、公園から車で三〇分程度の児童館とした。この年の四回生はとにかく粘り強く、その持ち味が発揮された格好である。

筆者は、白山市健康福祉部子育て支援課に児童館への誘致協力をお願いし、同課課長補佐の蔵幸江氏から快諾を得た。野々市町の児童館には直接出向いてチラシ配布等を依頼、さらに金沢庭材（株）にも募集の協力をお願いした。これらが功を奏し、子ども二〇名と保護者の参加が決まり、実施に漕ぎつけるこ

準備作業

とができた。

『キッズ☆すくすく園芸体験』の準備が進む一方で、政策提案発表会も実施することになった。政策提案を担当する三回生の六名はA、B班に分かれた。A班は「出陣！　白山チルドレン！　白山ろくテーマパークにおける住民参加促進案」と題し、ワークショップを活用して地域コミュニティの醸成と維持を図る。B班は「地域活性化のための四つのプログラム　地域貢献する公園づくり」として、自転車ツーリングプランやキャンプ場を使った学生合宿プランなどを紹介する。それぞれ四回生がアドバイザーについた。

こうして九月一二日～一六日の四泊五日の実習本番を迎えた。初日と二日目は前年の実習とおおむね変わらないプランである。朝、関西を出発、一二日は白山麓を見学、一三日は公園スタッフと園内作業に従事した後、午後を『キッズ☆すくすく園芸体験』の準備にあてた。講師に旧美川町で野菜農家を営む山本庄一氏を迎え、その指示のもとで実習生が耕運作業を行った。

『キッズ☆すくすく園芸体験』当日の九月一四日は、午前一〇時に受付開始、子どもには「虫さん」「動物さん」「お菓子さん」のシールを配布、三グループを編成した。会場では、子どもに積極的に声をかけ、早い段階で打ち解けるよう努めた。ところで、事前に二〇名の子どもに保護者一名、計四〇名程

子どもとのやりとり

絵本の上映

度を想定していたが、実際には両親や祖父母をともなって参加するなど、想定を上回る来園者があった。これは嬉しい誤算だった。

受付終了後のオリエンテーションでは、コマツナ・ハツカダイコン・パンジーの種まきを、絵本（スクリーン）を用いて説明した。これは児童館の先生方からの「単なる園芸体験で終わるのではなく、絵本や歌などの要素を取り入れたほうが良い」というアドバイスによる。おかげで、子どもの笑顔を引き出しながら進行させることができた。次に種まきで、三グループはそれぞれ担当する畝に向かった。受付で配布したシールで自動的にグループに分かれ、移動もスムーズだった。子育て支援課の蔵氏や近隣の児童館の先生方の応援もあって、作業は順調に進んだ。実習生と子ども、保護者はもう随分と仲良くなっている。方々で「お姉ちゃん！」「〇〇くん（〇〇ちゃん！）」という子どもと実習生の声が飛び交っていた。

その後、公園センターのホールで収穫や開花の案内を行った。さらに山本氏の厚意でハツカダイコンのポットをお土産にプレゼントした。「自宅でも育てて観察してみてください」という山本氏の厚意である。これはお母さん方に大好評だった。また一家族に一部ずつアンケートを配布し、満足度を調査した。解散時には、実習生と記念写真を撮影する子どもと保護者が多く、別れを惜し

種まき作業

む姿が見られた。

解散後、満足度調査の精査を兼ねて、振り返りのミーティングを行った。アンケート結果の一部を抜粋しよう（分母はいずれも一六）。

問1　今日は楽しかったですか？
満足　一三　　やや満足　三

問4　同様のイベントにまた参加したいですか？
参加したい　一五　　わからない　一

このように、イベントそのものは十分に楽しんでいただけたようだ。

さらに、何が楽しかったか尋ねたところ、「園芸体験そのもの」が最も多く、次いで「学生との交流」だった。三番目が「絵本」、四番目に「歌」と続いた。課題が残ったのは「参加者同士の交流」という回答がわずかだったことである。さらに、指定管理者の関心を引いたのは、「今回、初めて白山ろくテーマパークを訪れた」という回答が六家族で、回答数の三分の一以上を占めたことである。

澤田氏からは、「学生だからこその成果」というコメントをいただいた。特に、幼児を抱えたお母さん方が引きこもりがちなことに着目し、「お母さんに外出機会を提供する」としたアイデアが高く評価された。イベントによって「恐怖の二才児（Ｔｅｒｒｉｂｌｅ２）」を抱えるお母さん方から高い満足度を得るなど、公園集客力の向上と福祉事業を園芸福祉事業『キッズ☆すくすく園芸体験』として合体することができたことは、総合政策学部の学生ならではの活動の成果だったということである。

筆者自身は、実習生の活動に指定管理者、農家の山本氏、石川県石川土木総合事務所、白山市健康福祉部子育て支援課、近隣の児童館や金沢庭材（株）等のさまざまなステークホルダーが協働したことが大きな成功要因と考えている。これら複数の主体の協力を得られたのは、四回生四名の熱意と活動力に動かされたものがあったからだと思う。いずれにしても学生の持ち味を十分に発揮するためには、学生自身が負えない作業を補完する必要があり、ステークホルダー間の連携は必要不可欠である。今回の成功はまさに産官民学の協働の結果といえよう。

翌一五日は政策提案発表会だった。出席者は前年より少し多い三〇名程度だった。先に紹介したA班、B班が発表したが、四回生の指導が行き届き、どちらの発表も反響は大きかった。なお、発表会の席上で、石川土木総合事務所の職員から『白山手取川ジオパーク』が日本ジオパークに認定されたとの報告があり、「来年度はジオパークに関する提案をしてほしい」と提案があった。これが三回生の関心を引き、翌年の白山麓実習のメインイベントを生み出すきっかけとなった。

この年の一一月に開催されたリサーチ・フェアでは、『キッズ☆すくすく園芸体験』の口頭発表が優秀賞を獲得した。二年連続で受賞したことは三回生にとって励みにも、プレッシャーにもなったようである。彼らは先輩たち以上の成果を上げたいと意気込んだが、これがプロジェクト型実習という性格をさらに強めたようだ。

都市公園からジオパークへ『始動！白峰探検隊☆』

三年目に入った白山麓実習では、前年に認定された白山手取川ジオパークの普及啓発と白山登山をメインとした。特に、白山市観光推進部ジオパーク推進室と協働することで、実習のスケールが飛躍的に拡大した。ジオパーク推進室の日比野剛氏には受け入れの担当にとどまらず、直接指導いただくこともあり、感謝している。

白山登山

白山手取川ジオパークは、地質資源の保全や観光促進だけにとどまらず、白山市の統合のシンボルとして、市民の共有意識を育むという使命を負っている。特に、一市二町五村の合併新設都市である白山市は、重大な課題として公共施設の統廃合等の問題を抱えている。とりわけ村営スキー場産業に依存していた白山麓では、公営施設の運営は重要である。こうした事情を踏まえて、白山手取川ジオパーク構想推進に我々のプロジェクトが参画できたことは、非常に意義があると思われる。

参加者は、四回生が七名と多く、全体リーダーはKA、メインイベントのワークショップは『始動！白峰探検隊☆～ジオパークには宝物がいっぱい～』とした。なお、二〇一二年度に久野教授が定年を迎えるため、今回はゼミの枠を越えて、「白山麓実習プロジェクト」として、久野ゼミ以外に三回生三名と二回生一名が加わった。もう一つの変化は、テーマパークの指定管理者が（株）岸グリーンサービスに変更されたことだが、近隣の地元住民の皆さんからの声もあって、継続していただけることになった。過去二年間の実習生の努力が認められた形である。

二〇一二年度の白山麓実習は、九月四日～九日の五泊六日だった。今回初めて白山登山を実施した。その主旨は「白山を冠するプロジェクトなのに、肝心

報告会

ワークショップ

の白山に登ったことがないのでは困る」というものであった。登山日は晴天に恵まれ、予定を変更して、初日の登頂となった。午後四時前には全員が二七〇二メートルの白山山頂（御前峰）まで登り切る。実は、二〇一二年度の実習生は多人数のうえ、就職活動や参加申し込みの遅れのため、実習スタートまでに一枚岩のチームになっていたとは言い難かった。しかし、この登山によってまとまりが生まれたように感じた。

翌日は予報通りの雨天だったが、予定時刻には全員が無事に下山した。午後は白山麓を見学したのち、残り三日間の拠点となる白峰の緑の村コテージに到着した。夕食後は、翌日予定の報告会の準備を行った。

九月七日は、白峰での情報収集活動を終えた別動グループも交えて、午前中は白山ろくテーマパークでの園内作業、午後は報告会、夕方は恒例の懇親会である。

報告会『これからの白山麓実習プロジェクト』は、出席者が四〇名以上になり、公園センターは満員状態だった。今回初めて出席した日比野氏は「三年間の継続の成果」と感心されていた。報告会では、これからの白山麓実習プロジェクトについて、二、三回生を中心に発表し、地元の皆さんとの意見交換も盛況であった。その後、関西の学生に向けた『白山麓の情報発信Ｗｅｂサイト

クイズラリー

ポスター作製

設立』の中間報告があり、スキー場に代わる集客施策を求める地元住民の皆さんの関心を引いた。

翌九月八日はワークショップ『始動！白峰探検隊☆～ジオパークには宝物がいっぱい～』である。会場は石川県立白山ろく民俗資料館であった。ジオパーク推進室や金沢庭材（株）と連携したプレスリリースの成果もあり、北陸中日新聞や、あさがおテレビの記者も取材のために会場入りしていた。ジオパーク推進室の山口隆室長はじめ同室職員の皆さん、また白山市白峰支所の山口昭恵氏、同市教育委員会白山ろく分室の今川浩氏らも協力に駆けつけてくださった。

ワークショップは学生たちが担当するオリエンテーションで開始した。日比野氏のミニ授業を挟んで、白峰地区でのクイズラリーに移った。子どもたちは複数のチームに分かれ、それぞれを実習生一名が引率する。白峰地区は重要伝統的建造物群保存地区に指定され、出題ポイントも豊富である。時間に限りがあるものの、小学生や保護者に白峰地区を学んでもらうには有効なクイズラリーとなった。特に学生が扮した「なめこ姉さん」（なめこは白峰の特産物）や、現地の歴史や文化を連想しやすいよう侍や修験者姿に仮装してくださったボランティアの高橋徹さんと西東祐樹さんは小学生の心をつかんだようだ。

昼食後、午前中に学んだことのアウトプットを狙ったポスターを作製した。

できあがったポスター

メッセージカード

特に見所の多い白峰地区を中心に、その紹介ポスターをちぎり絵で作製するのである。制限時間内で作製できるか心配だったが、事前準備が功を奏したことや、白山市職員の皆さんや久野教授も作製に参加して時間通りに完成できた。小学生もできあがった瞬間は大きな達成感を得た様子だった。このポスターはジオパーク推進室主催のイベントや、白山市内の小学校等の公共施設で順次展示されている。

この後、閉会式に続いてメッセージカードを配布した。これは、クイズラリー中に撮影した写真を、事前に用意した台紙に貼りつけたもので、実習生がコメントを添え、引率した小学生に配った。後日、メッセージカードを見返して、この日のイベントや白峰を思い出すきっかけにしてほしいという意図である。

この『始動！白峰探検隊☆～ジオパークには宝物がいっぱい～』は多数のメディアに取り上げられ、白山手取川ジオパーク構想のPRに寄与したといって良いだろう。また、ワークショップのもう一つの目的であった地域教育の実践でも、参加した小学生の多くがふるさとの白山市に、自然と独自の伝統文化が今なお息づいている白峰という地があることを学んだ。白山手取川ジオパークは白山市の統合のシンボルという側面を持つが、そのシンボルと地域教育を結びつけてワークショップを企画した実習生の目のつけどころは、的を射たものと言えよう。

ワークショップ後の打ち上げで、山口室長より「（白山麓実習を）最低でも一〇年は続けてほしい」という言葉をいただいた。長期間継続することで、ようやく見えてくる地域の課題や、継続で得られる成果もある。実習も三年目となり、地元の認知は格段に向上している。受け入れでも、白山市や白山ろくテーマパーク、地元住民の皆さんが積極的に動いてくださるようになった。一、二年目に筆者が「お願い」にあがっていた頃とは大きく異なる。逆に、だからこそ責任も重くなる。過去三年間の白山麓実習で活躍してきた実習生の努力を次年度へと継承していくことが筆者の責務である。地元の期待を裏切らないよう、実習生と使命感を持って取り組んでいこうと決意を新たにする二〇一二年度の実習となった。

新生する白山麓実習プロジェクト　学生地域貢献活動を未来につなげる

本章の結びとして、この白山麓実習プロジェクトの未来像について触れておく。

白山麓実習は一年目から地域貢献活動を目的としてきた。これは『政策提案発表会』『キッズ☆すくすく園芸体験』『始動！白峰探検隊☆』の実施という形で具現化したが、一過性の地域貢献活動ではなく、未来につながる地域貢献活動として、バージョンアップさせていくことが今後の課題である。

その意味で、二〇一三年は白山麓実習プロジェクト新生の年になりそうだ。まず、久野教授の定年退官にともない、後任として着任される佐山浩氏に引き継いでいただく。次に、白山麓実習プロジェクトをリサーチ・コンソーシアム協賛事業に切り替える。具体的には、石川県や白山市といった自治体、指定管理者（企業）や金沢庭材（株）、地元住民の皆さんと連携した支援団体の設立を予定している。

こうして実習プロジェクトと支援団体の活動を並走させることで、実習の質を保ちつつ、継続的な取り組みを担保する。なお、支援団体は、活動の規模や諸条件に合致するようNPO化も含めて適宜体制の強化を図りたいと考えている。

街歩きのクイズラリーの途中で地元の住民に話を聞く子どもたち＝白山市白峰で

親子ら白峰〝宝探し〟

古民家や寺院クイズラリー

関学大生企画「地元の魅力感じて」

白山麓の魅力を再発見する産・官・学連携イベント「始動！白峰探検隊～ジオパークには宝物がいっぱい」が八日、白山市白峰地区一帯であった。市内の親子連れら二十人が、街歩きのクイズラリーを通して地域の歴史や文化に触れた。（谷知佳）

二〇一〇年から毎年、白山麓でフィールドワークに取り組む関西学院大（兵庫県）総合政策学部の学生たちが企画した。昨年九月に市全域が日本ジオパークに認定されたPRの一環として、市や近隣の企業も協力した。

親子らは五組に分かれて地区内の県白山ろく民俗資料館を出発。古民家や寺院を見学しつつ「特産物のキノコはなんでしょう」「屋根に掛けられたはしごは何のために使われるでしょう」といったクイズの答えを考えた。

地元の人に教えを請う場面も。土蔵が並んでいる一角では、竹トシエさん（[illegible]）から「火災から着物や道具類を守るために建てられた」などと教わった。

毎年この地区で催されている「雪だるままつり」にちなんだ造形物も多く見られ、初めて訪れた同市東明小学校五年の谷口未璃唯さん（[illegible]）は「雪だるまの形をした窓があった」と驚いていた。

いずれも関西学院大四年の大隅冴子さん（[illegible]）は「地域のことを楽しみながら学んでもらえるよう工夫した」、河内果希さん（[illegible]）は「インターネットを使い、関西でも白山の良さを発信したい」と話した。

北陸中日新聞（2012. 9. 9）

剣が峰の３つを合わせて白山というそうですが、この日は大汝峰と剣が峰の景色もすごく綺麗に見ることができました。これまでの疲れもふっ飛んで、写真撮影会が始まります（笑）
頂上から下りるのが勿体なくて、長時間頂上を満喫しました。

６日は予報通りの雨でした。　だんだん激しくなる雨に打たれ、後ろ髪をひかれる思いで下山です。黒ボコ岩をこえた辺りで雷まで鳴りはじめ、避難をしながら、すべりやすくなった岩に注意して、とにかく下ります。スタート地点の別当に帰ってきたころには、体の芯まで冷えているような状態でした……

が、やっぱり白山メンバーは元気です。この後、白峰地域に戻って、白峰温泉総湯へ行き、向かいにある菜さいというお店で、昼食をとりました。白峰の名物である堅豆腐や、なめこをおいしくいただきました。

今回お世話になる、緑の村コテージにチェックインし、白山ろくテーマパークへと、ご挨拶に向かいます。公園の中も少し見学させていただき、第１回目の実習からずっとご協力して頂いている中村所長さんや、指定管理者の方々、吉野工芸の里の島田さん、地元の議員だった西出さん、元小松市役所職員で現在は高山植物の保全活動をしている小村さん、シルバー人材センターの方々と１年ぶりに再会し、お話をさせていただきました。
「楽しみにしてたよ」「待ってたよ」というお言葉をいただき、私たち実習生も本当に嬉しかったです。

９月７日（金）
いよいよ今日は報告会。午前中、白山ろくテーマパークでのボランティア班と、関西の学生に向けた情報発信 Web サイトづくりに向けた白峰探索班に分かれました。

テーマパーク班は、公園に着いてシルバーさんたちにあいさつ。すいかをごちそうしていただきました。おいしかったですね☆　その後は、公園内のロックガーデンでお花の摘み取りや、休憩所の清掃等、作業中はシルバーさんといろんな話をして、とても楽しい時間でした。白峰探索班は、市役所の白峰支所へ向かい、下見の時からお世話になっている、ジオパーク推進室の日比野さんと山口さんに案内していただきました。地元の方々と交流のあるお二方なので、白峰の町を行き交う方々から、たくさんのお話をお聞きしました。

column 5　2012 年度白山ろく実習報告

今年の白山実習は、９月４日～９日の５泊６日にわたって、例年に比べると少し長い実習となりました。毎日イベントがあったので、報告内容盛りだくさんです!!

とっても長くなりそうです……頑張って書きますね☆

９月４日（火）

実習出発の日です。宝塚組と京都組に分かれて、SA で昼食・休憩をとりながら、実習先の石川県白山市へと向かいました。白山市到着後、実習中にお世話になる白山市役所のジオパーク推進室にご挨拶に。この日は松任の宿に泊まり、ミーティング後、次の日に備えて就寝しました。

９月５日（水）～６日（木）

今回の実習のメインの１つである白山登山です！

ジオパークの目玉である白山に登ることなく、ジオパークのワークショップは実行できない！という意気込みのもと、今回の登山が計画されたのは、半年前のことです。朝７時半に宿を出発し、今回の活動拠点である白峰を越え、白山の麓へと車で向かいました。

後日の筋肉痛を避けるため、到着後は念入りに準備運動をし、いざ登山へ！

翌日の天候不良のため、この日に登頂するという計画に変更し、少し時間が押している今回の登山。見えない頂上に向かって、みんなで出発しました。私たちが今回使ったルートは、砂防新道というルートです。途中、中飯場で休憩後、甚ノ助避難小屋で昼食休憩をとりました。

昼食後しばらくすると、それまでの険しい道から一転、視界が開けて、道の上下にお花畑が広がりました。白山は花で有名な山で、和名に「ハクサン」とつく高山植物は現在 18 種あり、別名まで含めると約 30 種もの種類があります。この道を過ぎると、ジオスポットにもなっている黒ボコ岩に到着します。みんなで岩にのぼって少し休憩。

14 時半頃なんとかビジターセンターへと辿り着きました。荷物を軽くして、頂上を目指します。この道もまた、険しい岩の続く道で、そこに見えている頂上までなかなか辿り着きませんでした。しかし、誰一人諦めることなく、最後は登るのが速かったチームも遅かったチームもみんなで頂上へ……!

頂上である御前峰からの景色は、「最高」の一言につきます。御前峰と大汝峰と堅豆腐・とちもち・ゆきだるま・水芭蕉・恐竜チームに分かれて集合しました。

オリエンテーション開始。今日のイベントについての説明後、白山市役所観光推進部ジオパーク推進室の日比野さんから、白山手取川ジオパークと白山市白峰周辺地域の説明をしていただきました。白峰は今年７月、国指定重要伝統的建造物群保存地区に指定された地域です。参加者の子どもたちはとても真剣にお話を聞いていました。

いざ、クイズラリーである白峰探検宝物さがしのスタートです！　クイズの説明や注意事項（熱中症や交通安全等）の後で、５チームの白峰探検隊がまちへ飛び出していきました☆　子どもたちは本当に元気！クイズもチームみんなでがんばって考えていました～☆

クイズラリーの後はお昼ご飯タイム！　チームごとにおいしいお弁当を食べました♪
お腹いっぱいになったところで、次はポスター作製☆

白峰探検で知った白峰の文化や遺産、自然という "宝物" を紹介するポスターです。事前に私たちが下書きをしていたものに、それぞれのチームごとにちぎり絵で色をつけていってもらいました。子どもたちの手際の良さにびっくり!(笑)子どもってすごいですね！　またポスター作製中には、子どもたちと保護者の方にアンケートに答えてもらいました。
９枚のポスターを１つに合体！　完成☆　参加者のみなさんからは、「すごい!」の歓声があがりましたね☆　私もとても感動しました!!!

久野先生の終わりのあいさつのあと、子どもたちにフォトメッセージカードをプレゼント☆　とっても喜んでくれたのでうれしかったですね♪

白山市役所ジオパーク推進室の山口室長さん、日比野さん、安田さん、町さん、白峰支所の山口昭恵さん、教育委員会白山ろく分室の今川さんはワークショップの応援に駆けつけてくださいました。本当にありがとうございました。山口昭恵さんにはワークショップ終了後、「特にポスターがすごくよかった。感動したよ!」というお言葉をいただきました。
そしてTOさん、TK、わたしの３人で涙を流しながら抱き合いました！（笑）

午前の活動後、白山ろくテーマパークに合流すると、机の上に、たくさんの蓮の葉が……!

この日の昼食は、吉野工芸の里の島田さん手作りのハーブカレーとサラダだったのです !!　蓮の葉のランチョンマットに、実習生は感激です。そしてもちろん、演出だけでなく、ハーブカレーの味も絶品でした !!!　島田さんから直々にレシピを教えてもらおうとする実習生ですが……「5 日間煮込むのよー」という一言を聞いて絶句です（笑）

発表会開始まで、公園内でとれた花の押し花を使ったしおりづくりの手伝いをさせていただきました。そして 15 時半から、「これからの白山麓実習プロジェクト」と題した報告会を開始しました！　石川県土木事務所、白山市観光推進部、白峰支所、シルバー人材センターの方々をはじめ、約 45 名もの方々にお集まりいただきました。

2・3 回生は、リサーチ・コンソーシアムでも使用したポスターを使い、これまでの白山ろく実習の経緯、今年度のワークショップの内容、そして、これからの白山ろく実習の展望について述べました。 たくさんの方々がいらっしゃるなか、とても緊張していたと思いますが、堂々と発表していました。地元の方からは、白山ろくのイメージへのご質問や「今後も、白山ろくの課題が何かを掘り下げていってほしい」などのご意見をいただきました。本当にありがとうございました。

A ちゃんは、今年度から始動した企画、「白山ろく情報発信プロジェクト」について発表しました。関西の学生に向けて、白山ろくの情報を発信する企画です。その A ちゃんからのコメントです。
「情報発信チームとして報告させていただきました。緊張の中、分かりやすく説明できなかったのですが、参加してくださった皆さんに興味を持っていただき、大変嬉しかったです。今後も Web ページ完成にむけて、頑張りたいと思います」

9 月 8 日（土）
とうとうやってきました。ワークショップ当日！　題して「始動！　白峰探検隊☆　～ジオパークには宝物がいっぱい～」。ブルーのポロシャツに着替えて、白山ろく民俗資料館へ！

受付・誘導・会場の 3 チームに分かれて準備を行いました。
会場は民俗資料館の中にある、県指定有形文化財の杉原家です。

その夜は実習打ち上げ兼懇親会のBBQ！　ジオパーク推進室と白峰支所の方々、BBQの用意をしてくださった金沢庭材株式会社の上田社長、多賀さん、山本さんと楽しい時間を過ごしました。ジオパーク推進室の山口室長からは「学生だからここまで盛り上げることができた。この実習を最低10年は続けてほしい。」というお言葉をいただきました。

本当に嬉しかったです。私もOGになって参加し続けていきたいです！☆　最後は実習生ひとりひとりの挨拶。感動しましたね。私は何度泣いたら気がすむのでしょう。（笑）

9月9日（日）

実習最終日。緑の村コテージにさよならをしました。そのあとみんなで永平寺を訪れました。背筋がピンとしました！　そのまま各自帰路へ。

今年で3年目を迎えた白山麓実習。初めての白山登山、発表会、ワークショップととても盛りだくさんな実習でした。白山からの景色にたくさんの感動をいただきました。地元の方に温かく迎えていただき、心がほっとする瞬間が何度もありました。子どもたちの笑顔に、はかりしれない元気をもらいました。

久野先生、野畠さん、白山市役所・白峰支所の皆様、白山ろくテーマパークの皆様、金沢庭材株式会社の皆様、本実習にかかわってくださったすべての方々に心から感謝します。

ワークショップ当日から来てくださった白山ろく実習OGの、MAさん、KUさん、MIさん、MAさん、本当にありがとうございました。

実習生のTO、SH、MI、NA、TA、Aちゃん、KAちゃん、AY、CH、YO　みんなとたくさんの感動と喜びを共有できて本当によかったです。

白山麓実習2012、最高でした。

終章

むすび

表8　実習等がきっかけとなった卒業論文

	卒業論文タイトル	きっかけ等
4期	「日中間協力による酸性雨対策に向けての効果的な環境政策に関する研究」	国立環境研究所
5期	「黒島のごみ問題について」	黒島
	「温暖化防止政策に関する国際交渉と今後の展望」	国立環境研究所
8期	「世界遺産白神山地―現状と将来像」	白神
	「ウミウシと人間との関係・歴史」	竹野
	「人と自然との共生―阿蘇の草原再生」	阿蘇
9期	「国立公園を守るレンジャー」	実習レンジャーとの出会いから
	「野外教育施設の連携」	竹野
	「私の心のなかのカルデラ」	阿蘇
	「清里ミーティングと生物多様性実習から見た環境教育」	生物多様性センター
10期	「2007年度阿蘇実習の企画と運営」	阿蘇
	「日本の自然公園と現地管理体制」	前年度アンケート
	「富士山の利用問題をどう考える」	生物多様性センター
11期	「地域通貨の実態と将来」	阿蘇
	「海岸の景観保全と漂着ゴミ」	竹野
12期	「阿蘇における草原再生―若者へのアプローチ」	阿蘇
	「CDM」	GEC
13期	「五色台ビジターの管理運営における今後の方向性」	五色台
	「子どもの野生復帰、子どもを野生に返そう」	竹野
	「日米の国立公園とパークボランティア」	鹿沢
	「ゼミ実習における地域との連携の可能性」	白山麓
14期	「公園の中の千年草原―阿蘇くじゅう国立公園行政と草原維持」	阿蘇
	「都市公園における園芸福祉事業のこれから」	白山麓
	「阿蘇実習を考える―Link ASOのこれから―」	阿蘇
	「パークウエディング実施の効果に関する研究」	白山麓
	「指定管理者制度は民間企業にとって新たなビジネスチャンスになり得るか」	白山麓
15期	「自然環境を活かした地域教育プログラム導入の実験と効果」	白山麓
	「ジオパークの課題と展望」	白山麓
	「河川の親水性の確保とリスク管理」	白山麓
	「草原維持にはなにが必要か」	阿蘇
	「白山麓における新たな誘客の可能性」	白山麓

総合政策学部のカリキュラム上のフィールドワークの位置づけ

これまで述べてきたことをもう一度整理してみよう。まず、政策系学部のカリキュラムとして、環境政策におけるフィールドワークの位置づけをしなければいけない。そこでは、現代社会の諸問題について、「百聞は一見にしかず」とあるように、フィールドで自分で体感すること、そしてその問題に関連するさまざまなステークホルダーとの対話の機会を得ることをまずもっとも重要な目標とすべきであろう。

そのうえで、フィールドワークのさらなる目標をあげると、学生自らが受動型実習の限界を自覚し、能動型実習、すなわち自主的な計画のもとに、自ら問題を探り、解決策を考え、かつ、それを地元の皆さんに提案することとなる。

そして、その次の段階が、活動を単発的なものに終わらせず、自ら組織化していくことで、継続的なフィールドワークの体系化を図るとともに、地元への社会貢献も果たしていくことにほかならない。第五章の阿蘇、そして第六章の白山麓プロジェクトでの試行錯誤を検討していくと、このようにフィールドワーク自体の進化を位置づけることができるのではなかろうか。

その一方で、こうした進化にそってコストとリスクもまた出てくる。コストとしては、まず適切なフィールドを探すことが挙げられる。そして、宿泊や生活、交通の便など、きわめて具体的なコストが課せられる。また、さまざまなリスクへの対応も必要だ。

さらに、まさにボランティアの名に相応しい受け入れ先の確保、フィールドワークの内容の精査、実施にあたっての指導、（特に白山麓プロジェクトで浮かび上がった）事前調査の重要性など、指導する立場にとっては多くのコストがかかってくる。ただし、そうしたコストをはるかに上回る満足度と教育成果を参加する学生に与えることができたことは確かであろう。

こうした点をふまえ、政策系学部のカリキュラムにおけるフィールドワークの重要性の指摘、そして、その適用にあたっての数々の試行錯誤の提示が、本書の目的であったことをご理解いただき、今後に活かしてほしいと考える次第である。

久野ゼミ実習の私的総括

久野ゼミを志望した者の大半は実習への参加を志してのものであった。実習への参加が、ゼミ生たちの環境マインドを満足させ、高揚させただけでなく、国立公園管理などが抱えている問題についての内在的理解を深めたし、「絆効果」も大きかったと言うことができる。

ではこの実習への参加と、ゼミ生のゼミにおける研究、すなわち卒論とはどれほど関係しているのであろうか？

私のゼミでは、三期生から卒論集を印刷製本している。そこで、卒論と実習との関係を調べると、実習そのものをテーマにした事例、実習先を研究テーマにした事例、実習に参加したのがきっかけでテーマを見つけた事例など、直接間接に実習が卒論に与えた影響を、八期以降は毎年見るし、後期になるほどそれが顕著になる（表8参照。なお、六期生の卒論集は手元にないため不明）。とりわけ阿蘇、白山麓のような能動的な実習が卒論に与えた影響は大きい。

久野ゼミは、毎年五月三日に三田市野外活動センターで、八期生、九期生がよびかけて、ゼミOBと現役生が集まり、一泊しての交流会を行っている。三〇～四〇人が集まる。年々参加者は増え、盛況を呈しているが、話題の過半はゼミ実習である。息の長い実習先の話になると、「俺たちが行った時はなあ～」という回顧談が始まり、縦つながりはますます強くなってくる。現役時代は交流のなかった学年間でも、結婚式の二次会には呼んだり、呼ばれたりもする。

また、久野ゼミでは毎年卒業時にゼミ文集を作成するが、この時も実習がメインの話題になっている。実習先のレンジャーとゼミＯＢがいまも交流を続けているケースもしばしば聞く。また、四回生たちの卒論はほとんどがフィールドワークをともなうものである。実習や合宿でフィールドに出ることの重要性は学んだと評価できるのではなかろうか。その一方で、この実習の本来の目的である「国立公園などがかかえている諸問題への内在的理解」を深めたかどうかは、定量的に知ることが難しい。

阿蘇では、昨夏の水害ではただちに実習生ＯＢらが義捐金を集めたし、二〇一二年度の白山麓の実習では前年卒業したＯＢ四人がわざわざ休暇をとってやってきて、地元との交流会に出席し、懐かしがられていた。私自身はこういうシーンを見ると、つくづくゼミ実習をやってよかったと自己評価している。幸い、二〇一三年度着任する佐山氏は私よりずっと正統派のレンジャー出身者であり、このささやかな久野ゼミ実習を引き継ぎ、より発展させてくれるものと期待している。

フィールドワークの活性化に向けて

私は政策系学部でのフィールドワークはきわめて重要だと考えているし、事実、多くのゼミなどでは各種のフィールドワークをやってきたと思う。問題はその経験の共有化がされていないことではないだろうか。

フィールドワークの経験を共有できるような学部フィールドワーク一覧の作成配布やワークショップをする必要があろうかと思う。

また、かつて、学部独自に行うインターンシップがあり、単位認定していた。将来的には阿蘇や白山麓のような、ゼミ横断型で安定的に継続できるフィールドワークについては、夏季集中講義としてカリキュラム化することができることを期待する。

最後になったが、総政の今後のますますの発展を願うとともに、ゼミ実習やフィールドワークのさらなる活性化を期待している。

K.G. りぶれっと No. 34

総合政策学部フィールドワーク活性化に向けて
久野ゼミ実習の軌跡

2013年10月1日 初版第一刷発行

編　者　関西学院大学総合政策学部

発行者　田中きく代
発行所　関西学院大学出版会
所在地　〒662-0891
　　　　兵庫県西宮市上ケ原一番町1-155
電　話　0798-53-7002

印　刷　協和印刷株式会社

ISBN 978-4-86283-146-0

関西学院大学出版会「K・G・りぶれっと」発刊のことば

大学はいうまでもなく、時代の申し子である。

その意味で、大学が生き生きとした活力をいつももっていてほしいというのは、大学を構成するもの達だけではなく、広く一般社会の願いである。

研究、対話の成果である大学内の知的活動を広く社会に評価の場を求める行為が、社会へのさまざまなメッセージとなり、大学の活力のおおきな源泉になりうると信じている。

遅まきながら関西学院大学出版会を立ち上げたのもその一助になりたいためである。

ここに、広く学院内外に執筆者を求め、講義、ゼミ、実習その他授業全般に関する補助教材、あるいは現代社会の諸問題を新たな切り口から解剖した論評などを、できるだけ平易に、かつさまざまな形式によって提供する場を設けることにした。

一冊、四万字を目安として発信されたものが、読み手を通して〈教え―学ぶ〉活動を活性化させ、社会の問題提起となり、時に読み手から発信者への反応を受けて、書き手が応答するなど、「知」の活性化の場となることを期待している。

多くの方々が相互行為としての「大学」をめざして、この場に参加されることを願っている。

二〇〇〇年　四月